华夏生物传奇

猫的诱惑

——华夏动物传奇

萧春雷／著

海峡出版发行集团｜鹭江出版社
THE STRAITS PUBLISHING & DISTRIBUTING GROUP
2022年·厦门

图书在版编目（CIP）数据

猫的诱惑：华夏动物传奇 / 萧春雷著. -- 厦门：鹭江出版社, 2022.4（2022.6重印）
（华夏生物传奇）
ISBN 978-7-5459-1982-0

Ⅰ. ①猫… Ⅱ. ①萧… Ⅲ. ①动物－中国－普及读物 Ⅳ. ①Q95-49

中国版本图书馆CIP数据核字(2022)第037992号

MAO DE YOUHUO
猫的诱惑
萧春雷 著

出　版：鹭江出版社
地　址：厦门市湖明路22号　**邮政编码：**361004
发　行：福建新华发行（集团）有限责任公司
印　刷：福建新华联合印务集团有限公司
地　址：福州市晋安区福兴大道42号　**电话号码：**0591-88208488
开　本：700mm×980mm　1/16
印　张：7.75
字　数：84千字
版　次：2022年4月第1版　2022年6月第2次印刷
书　号：ISBN 978-7-5459-1982-0
定　价：29.80元

序

孙绍振
教育部语文课程标准评审专家
教育部语文培训专家
教育部北师大版初中语文课本主编
福建师范大学教授、博士生导师

我们需要高品质的儿童读物

印象里的萧春雷，不太会和小孩子说话，也不怎么讨好孩子。怎么有一天，他去写作儿童读物了？

他说，为了适合孩子阅读，写作时特意降低了阅读难度。的确，与他的其他文章比，他把直接引语都改成了间接引语，把古文都翻译成了白话，还殷勤地配上了注音和注释，大大减少了儿童读者的阅读障碍。但我注意到，他散文中特有的品质，叙述语言的优雅和思想情感的深邃，并没有随之降低。可见他是信任孩子的智力和理解力的。

我们见到很多儿童读物，完全使用低幼化的语言，低幼化的思维，蹲下身子与孩子说话。这套书很特别，作者没有故作小儿语，而是站着与儿童说话，分享自己的感悟。他告诉我，书中的部分文章曾拿给一些小学四五年级的学生看，他们不但理解，还说很喜欢，他因此有信心继续创作。这也引起我的思考，我们应该怎样与孩子对话？

有意思的是，这套书的第一本《会飞的鱼——华夏海洋生物传奇》连我也读得津津有味。我突然大惊，我是不是返老还童了？书中记述了18种海洋生物，应该属于科普读物。书中也有动物学名、分布范围、生物学特性，但单纯的科学知识是冷冰冰的，很少这么富有情趣。这本书引用了大量的古代神话、传说和文献记载，写的是中国文化里的海洋生物，它们有温度，能够牵动我们的情感，实际上，应该属于科学人文读物。科学和人文是两种不同的东西，有时候简直水火不容，但萧春雷进行了很好的嫁接，让人文有了根基，科学有了人性。

差不多20年前，萧春雷就出版了《文化生灵》《我们住在皮肤里》等著作，是福建著名散文家。我在评论中称他的散文为“智性散文”，虽然他长于历史故实和人文典故，但“他全力以赴的目标是智慧，特别是追求智慧生成的趣味”。读他这套“华夏生物传奇”，我发现我当年的判断仍然有效。

萧春雷说，他想用文字重建“华夏生物圈”，所以出版了《会飞的鱼——华夏海洋生物传奇》之后，这次又出版《猫的诱惑——华夏动物传奇》和《艾草先生——华夏植物传奇》,将来还准备出版一本《华夏食物传奇》。他希望通过讲述最常见的动物、植物、海洋生物和农作物故事,让孩子们明白,古代中国人是如何看待这个世界的,中国古代的文明,包括哲学、文化、艺术和诗歌,诞生于怎样一种环境。

作者志存高远,很好。我想到的却是孔老夫子的教诲。孔夫子劝人读《诗经》,说可以多识鸟兽草木之名。萧春雷的这套书,最大好处也是可以让孩子们多识鸟兽草木,让他们了解到,我们身边的鸟兽草木有这么多的故事、知识和智慧。

萧春雷是好学深思的作家,常常在平常之处,有出人意料的发现。例如他说古人很少吃牛肉,证据是很多食谱都没有牛肉制品,"牛肉成为重要肉食,两次都与游牧民族入主中原有关,一次是北魏,一次是元朝"。那么,为什么梁山好汉总是切牛肉下酒?这是因为《水浒传》是元代作家施耐庵虚构的小说,作者想当然以为,宋朝也像元朝一样大吃牛肉。(《猫的诱惑·以牛为命的民族》)这种新人耳目的小问题、小论点,书中随处可见,饶有情趣。

我长期生活在福州,对榕树很熟悉,但很少去关心榕树最北分布到哪里。他引经据典,从福建古代民谚"榕不过剑""榕不过浙",到广东民谚"榕树逾梅岭则不生”，再到江西民谚“榕不过吉”等等，结合个人经验，得出结论：“我们画条线连接浙江台州、福建南平、江西吉安和湖南永州，就勾勒出了我国东部榕树自然分布的北疆。”(《艾草先生·榕阴之下》)他对竹林和大象的地理分布，家兔与野兔的物种差异，也兴致盎然，体现了科学精神和深厚的人文地理素养。

我注意到，尽管是儿童读物，这套书仍然保持了很高的文学品质。萧春雷特有的鞭辟入里的表达能力，出人意料的想象力，独到的个人趣味，与史料天衣无缝的对接化用，让文章有一种特殊的感染力，读起来酣畅淋漓，充满汉语的美感。例如他写螺：“螺创造了自己的线条，我们命名为螺旋、螺纹，以示敬意……螺身上的纹路，仿佛大风刮过，记录了螺旋的速度、方向和力量。犹如陀螺，螺以自己为原点，在高速的螺旋中站立，平衡，创造出自身，像一座塔那样笔直。它为什么旋转？有一条我们看不见的鞭子抽打它吗？”(《会飞的鱼·旋转出来的单身公寓》)这样的才情与智慧，通贯全书，一定来自上帝的赐予。

在儿童读物琳琅满目、泥沙俱下的今天，我们需要刚健、优美，又能体现民族文化的优秀读物。很多人认为，没有什么“雅俗共赏、老少咸宜”的书，这是懒惰和愚钝的借口，实际上很多经典做到了，这套“华夏生物传奇”丛书也做到了。

目录

【鸡】

鸡的最大神通是掌握了时间，从而主宰人们的生活：新的一天从鸡鸣开始，新的一年从鸡日（正月初一）开始。

太阳的信使

“平生不敢轻言语，一叫千门万户开。”在日出而作、日落而息的时代，家里有只公鸡，相当于有了一个闹钟。《说文解字》曰：“鸡，知时畜也。”鸡的最大神通就是掌握了时间。古代负责报时的官员称为“鸡人”；人们闻鸡而起，洗脸刷牙，生火做饭；鸡鸣三遍，守卫打开城门，整座城市开始运转。鸡主宰了人们的生活：新的一天从鸡鸣开始，

●**《说文解字》**：简称《说文》，我国最早按部首编排的汉语字典，东汉经学家、文字学家许慎编著。全书共分540个部首，收字9353个。

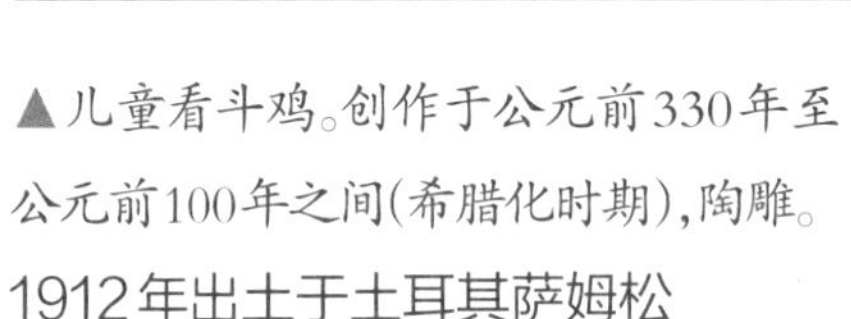

▲儿童看斗鸡。创作于公元前330年至公元前100年之间(希腊化时期),陶雕。1912年出土于土耳其萨姆松

▲越南古代斗鸡版画,19世纪

新的一年从鸡日(正月初一)开始。

鸡为什么知晓时间?《玄中记》说,东海之东,有一株高大的扶桑树,树顶住着一只天鸡,每当晨曦照到大树,天鸡就高声啼鸣,天下雄鸡群起响应,旭日如约而出,普照大地。想一想你就会惊奇:太阳,宇宙的王者,生命之源泉,竟然与我们身边一种不会飞的退化家禽暗通款曲,操控我们的工作和休息!

人类天生畏惧黑暗。长夜漫漫,暗无天日,雄鸡一唱天下白,让人何等喜悦。那些趁着黑夜出来活动的毒虫猛兽、鬼魅和梦魇,闻鸡鸣而丧胆,销声匿迹。袁枚《子不语》描写了两个小鬼的消

●《玄中记》:东晋文学家郭璞创作的一本志怪小说集,津津乐道于远古神话、山川动物、精怪故事和远国异民,通常被归类为地理博物类志怪小说。

●《子不语》:又名《新齐谐》,一部记载狐妖鬼怪的文言笔记小说,清代文学家袁枚著。

失:“忽鸡叫一声,两鬼缩短一尺,灯光为之一亮。鸡三四声,鬼三四缩,愈缩愈短,渐渐纱帽两翅擦地而没。”当然,害怕鸡鸣的,还有不愿分开的情侣。《诗经》描写夫妻对话:“女曰鸡鸣,士曰昧旦。”女人催促男人起床,说:“鸡叫了。”男人却想赖床,回答道:“天还没亮呢。”六朝爱情民歌甚至说“打杀长鸣鸡”,最好让夜晚连着夜晚,一年天亮一次。

▼鸡被称为“五德之禽”,深受民间爱戴。
刘奎龄《五德图》,1933年

作为太阳的信使,雄鸡也分享了太阳的荣耀,成为光明、温暖、色彩、生命、吉祥的象征,受到人们的喜爱和崇拜。在十二生肖里,鸡是唯一的禽鸟,弥足珍贵。古人观察鸡的行为习性,总结出五种美德:头戴花冠,文采风流,是文德;喙爪尖锐,威震蛇蝎,是武德;遇敌敢搏,奋不顾身,是勇德;见食而鸣,招呼同伴,是仁德;为人守夜,准时报晓,是信德。有意思的是,人们赞美鸡,往往与贬低另一种家养动物——狗相对,例如:鸡司晨,狗司夜;鸡鸣兆客,狗鸣兆贼;杀鸡待客,杀狗镇妖……

除了报时,人们发现鸡还有很多“特异功能”。古人认为,鸡能驱鬼辟邪，安家镇宅。《荆楚岁时记》说元旦在门上贴鸡图，百鬼落荒而逃；鸡冠、鸡头、鸡身和鸡血，都是克制妖魔鬼怪的法宝。鸡能穿越阴阳的界限，苗族习俗，人死后要依靠一只“指路鸡”，跋山涉水，与祖先的亡魂相聚。鸡能先知先觉，预知未来之事，壮族、侗族和布依族都擅长“鸡卜”，方法是杀一只鸡，观察鸡骨上的裂纹判断吉凶。鸡有仁爱、守信的品德，人们结拜兄弟、生死相托时，都要共喝鸡血酒，表示信守盟约。《淮南万毕术》还记载了一些罕为人知的秘法，例如焚烧鸡毛，就能召唤大风；在酒中烧雄鸡毛，喝下，“所求必应”。

母鸡和公鸡偶尔会转换角色。母鸡报晓，就是俗话说的母鸡打更，按《尚书》的文雅说法是“牝(pìn)鸡司晨”。这意味着阴阳倒错，女性统治世界，古人非常惊恐。那只逞能的母鸡往往被拎到桥头斩首，让流水带走灾祸。公鸡下蛋也是怪事，但不可怕，有些人甚至相信是大大的吉兆。《簪云楼杂说》记载，归安县(今浙江湖州)孙在丰的家人把公鸡蛋扔进河里，说是扔掉了一个状元——后来孙在丰以榜眼及第。

家鸡的祖先是原鸡，并非“野鸡”。科学家说，鸡形目雉(zhì)科原鸡属只有4个物种，红原鸡、灰原鸡、锡兰原鸡和绿原鸡，都是热带物种。大约

鸡为什么知晓时间?传说晨曦照射到高高的扶桑树,住在树上的天鸡高鸣,人间的雄鸡群起呼应,旭日如约而来。作为太阳的信使,鸡深受人们的喜爱和崇拜。

▶画面上一只母鸡正在教小鸡啄食，你找得到吗？一共有8只小鸡哦。（北宋）王凝《子母鸡图》

4000多年前，羽毛鲜艳的红原鸡在我国云南和东南亚地区被驯（xùn）化。从基因的角度看，原鸡与竹鸡、鹧鸪更亲近，倒是与常被称为“野鸡”的雉鸡、长尾雉和锦鸡的关系较远。

人类驯化原鸡的目的并非吃肉，主要是为了报时或斗鸡。数千年来，人类的肉食主要来自猪、牛、羊等大型家畜。20世纪现代肉鸡业兴起，改变了人类的肉食结构，如今全球鸡肉的消费量超过了猪肉或牛肉。养鸡场里绝大多数为母鸡，那些身具“五德”的公鸡，既不会下蛋，长肉又慢，空有一身过时的绝技——生物报时，早早就被淘汰。

小贴士

肉鸡和蛋鸡

鸡肉是目前全球消耗量最大的肉类（因为饮食偏好不同，中国人消耗的猪肉仍然高于鸡肉）。据统计，全世界的活鸡总数超过210亿只，是陆地上数量最多的脊椎动物。鸡群集中于现代养鸡场，分为肉鸡和蛋鸡两大类，专门生产鸡肉或鸡蛋。由于人工选育和基因改造，它们的生物学特性发生了很大变化，无法离开人类生存。

【鹅】

王羲之发现了鹅颈之美。他的书法流露出一种高华优美的气质——那正是鹅的气质。

鹅颈的美学

如何成为美人?有人说最重要的是有双凤眼,有人说蜂腰不可或缺,我觉得首先要有鹅颈。鹅颈很长,但脖子本来就宜长不宜短,长到长颈鹿那样荒谬,也比熊头猪脑来得优雅。鸭科动物都有好看的脖子:天鹅之美,全在脖颈的柔美曼妙,顾盼生姿;鸭子和家鹅,走路的架势早成笑柄,谓之鹅行鸭步,一到水里,但见修长的脖颈婉转伸屈，仿佛优美的旋律。这个道理，我是自个儿悟出来的。

王羲之发现了鹅颈的书法美。他的传世作品虽然是摹本，仍然流露出一种高华优美的气质。那正是鹅的气质。担任会稽太守时，他派人去买一个老婆婆的鹅，老婆婆舍不得，他只好亲自驾车去她家赏鹅。没想到老婆婆为了招待太守，把鹅杀了，让他惋惜不已。另一个鹅故事有个好结局。山阴道士养了一群漂亮的白鹅，王羲之特意乘船去看，也想买下。道士不肯卖，却说如果他愿意抄写两章《黄庭经》，就把鹅群送他。王羲之住下来抄经，然后兴高采烈地赶着鹅群回家。他所抄写的《黄庭经》，至今仍被人们视为墨宝，又称《换鹅帖》。优美的鹅颈，通过

▲最有名的爱鹅人是王羲之，他帮山阴道士抄《黄庭经》换鹅的故事，成为千古美谈。
(清)任伯年《王羲之爱鹅图》，1878年

王羲之的才华，深刻影响了中国的书法美学。

古人说：野曰雁，家曰鹅。家鹅是从野雁驯化而来的水禽，似鸭而大，已经失去了飞行能力，行动徐缓，又称“舒雁”。考古学家在辽宁发现了6000年前的石鹅，与后来的家鹅相似，证明中国鹅是起源于我国北方鸿雁的本土家禽。大约3000年前的西周时期，鹅传播到长江以南地区，找到了更合适生长的乐园。如今，我国水网密布的南方养鹅最盛。

“鹅、鹅、鹅，曲项向天歌……”唐代神童骆宾

◀天鹅之美，全在于一条修长的脖颈，柔美婉转，顾盼生姿。(奥地利)埃米尔·波特纳《天鹅》，1900年

王7岁作的《咏鹅》，开篇再三呼名，其实那也许是形容鹅鸣的象声词。古人命名动物，很多时候来自它们的叫声。东汉许慎《说文解字》说："鹅，从鸟，我声。"意思是"鹅"字的形旁为"鸟"，声旁为"我"。所谓鹅，就是那种"我（鹅）、我（鹅）"喊叫的家禽，不停地自呼其名，仿佛它们是宇宙的中心。鸭子也一样自恋，整天"鸭、鸭、鸭"自我赞美。

美丽和聪明很难两全。鹅长得十分神气，你看它高高举起鹅头，气宇轩昂，睥睨（pì nì）万物。古人说鹅的特性是"顽而傲"，脾气比较倔强、高傲，你想赶开它，它反而冲过来；你想让它低头，它偏要抬头；难怪又被人称为"呆头鹅"。鹅被人类驯养了数千年，却没有完全屈服，还残留着天生的顽野气质。

我家以前住在山腰的半幢房屋里，与另半幢的邻居共用一个院子。那邻居养了两只鹅，整日里伸头探脑，乱啄一气。鹅嘴不知什么材料做成的，仿佛橡胶，百物敢侵，十分了得。我家院子以及附近方圆二十米、高一米内的树叶树皮，父亲种的花花草草，全被洗劫一空，颇为凄凉。那两只鹅仍然昂着头，若无其事地在院子里相互追逐，双翅高举，像挑着一担水飞奔。它们该庆幸不属于我家，否则定要罹（lí）难。古人说：鹅能警盗，亦

▶鹅被人类驯养了数千年，却没有完全屈服，身上有一种顽野气，被人称为“呆头鹅”。选自（清）阿尔粺临仇英写生册《鹅芦苇》

能却蛇。我现在真的信了。鹅的天性有点痴愚，不论带着刀枪的强盗，还是身怀剧毒的蛇蝎，它都会穷追不舍，狠狠啄下去。只有如此冥顽不灵的生物，不计得失，才能让狡黠（jiǎo xiá）之辈手足无措。

鹅肉是汉民族最早的肉食之一，相当贵重。齐高帝要江淹处理积欠如山的朝廷文案，特赐鹅与酒，江淹边吃边工作，鹅尽，文诰也完成了。明代学者王世贞《觚（gū）不觚录》记载，巡按有时会去他家，留客用饭，上鹅时一定要砍去头尾，换

●**王世贞**：明代文学家、史学家，江苏太仓人，大同总督王忬之子，官至南京刑部尚书。有《弇州山人四部稿》等著作。

上鸡的头尾，看上去，盘子里摆着一个鸡首鹅身的怪物。他解释说，这是因为他的父亲只是御史，还没有食鹅的资格。在古代，不是你有钱，就可以大大方方吃鹅的。

鹅是误入风尘的非凡物种，天真率性，不解人事。唐代诗人白居易写过一首《鹅赠鹤》，以鹅的口气诉说命运不公："君因风送入青云，我被人驱向鸭群。雪颈霜毛红网掌，请看何处不如君？"你（鹤）一飞冲天，平步青云，我（鹅）则沦落到与鸭群为伍；我们都长着雪白的脖子、洁白的羽毛和红红的脚掌，请问，我哪一点不如你呢？

我想，至少王羲之会同意，鹤颈不如鹅颈。

中国鹅

全世界的鹅可分中国鹅和欧洲鹅两大类。中国鹅的祖先是鸿雁，喙的根部有肉质瘤状突起，分布于东亚地区；欧洲鹅的祖先是灰雁，喙部无肉瘤，分布于欧洲和西亚地区。历史上，中国鹅曾被引种到世界各地，改良当地品种。达尔文《物种起源》记载，一些欧洲人用中国鹅和欧洲鹅进行杂交，在印度大力繁殖推广这种杂交鹅。

【燕】

"天命玄鸟，降而生商。"所以这是真的，中国文明创建之初，就含有燕子的血统。

旧燕来巢

记得多年前我住在老家的时候，书房外是一个阳台，有两个瓶状的泥燕巢，燕子站在晒衣竿上，整日里吱吱咿咿说废话，或者拉屎。洗衣机和晾晒的衣服上，经常粘着一小堆燕屎，像牙膏管里挤出的。儿子兴高采烈唱着老师教的歌："小燕子，穿花衣，年年春天来这里……"有几次我都想捅掉燕子窝，终于没有。一大堆巢泥收拾起来挺

燕子参与了中国一个伟大王朝的缔造。4000多年前，有位名叫简狄的女子在河边洗澡，吞食燕卵生子，她的后代建立了商，发明了甲骨文。

麻烦，同时也于心不忍，它们再去哪里筑巢呢？

燕子属于雀形目燕科燕属，一共有20多种，遍布世界各地。喜欢光顾人家筑巢的主要是家燕和金腰燕，二者模样差不多，黑褐色，尾翅有剪刀一样的长分叉；家燕的腹部白色，金腰燕有赭黄色的腰围。更简单的区分方法是看燕巢：家燕俗称拙燕，只会筑简单的碗状巢；金腰燕俗称巧燕，能够倒挂墙角，筑一个比较复杂的瓶状巢。

我有时倚在阳台门边，看着晒衣竿上的金腰燕。它们不怕人，泰然自若，身子轻巧，尖嘴梳理自己的羽毛。燕巢有三四十厘米长，像破成半片的葫芦紧附在墙边天花板上，略有弯曲，开口很小。燕子叼来虫子，就有一两只雏燕探出头，叽叽喳喳，热切地张开小嘴。几乎所有的野生动物都畏惧人类，唯有燕子亲近人类，毫无戒心，让我们感动。

据学者研究，燕子与人类具有一种协同演化的关系，最初一起栖居在洞穴里；后来人类有出息了，建造自己的村庄和城市，把屋檐下的位置留给了燕子；如今的钢筋水泥高楼没有屋檐，很

◀燕子双飞双宿，就像人类的婚姻生活，在古代常常让独守空闺的女子感伤。

(明)文徵明《春林燕喜》

▲燕子在我们的屋檐下筑巢，追随我们从乡村到城市，是因为它们与人类具有悠久的协同演化关系。

选自（苏格兰）杰迈玛·布莱克本《圣经中的野兽和鸟类》插画，1886年

少人记得，应该留给燕子一个栖身之所。

燕子的羽绒单薄，无法度过北温带寒冷、食物匮乏的冬季，秋风一起，就要飞往几千公里外的南方越冬，来年开春返回。燕子恋旧，多半找到去年的旧巢，修补一下使用。诗人感叹说："唯有旧巢燕，主人贫亦归。"有时人去楼空，或者换了主人，就有一种物是人非的感伤："旧时王谢堂前燕，飞入寻常百姓家。"我们的世界一刻不停地变迁，眼看他起高楼，眼看他宴宾客，眼看他楼塌了，燕子在高楼间来来去去，看透了人间的盛衰兴亡。

●《南史》：唐初史学家李延寿撰，纪传体，共八十卷，记载刘宋、南齐、南梁、陈四国170年史事的南朝史。另外，李延寿还撰有《北史》。

因为熟悉，人类与燕子往往产生一种情感共鸣。人类看燕子，双飞双宿，夫唱妇随，共同哺育子女，家庭生活非常美满。"落花人独立，微雨燕双飞。"独守空闺的女子，看见双燕齐飞，不免暗自羡慕和悲伤。《南史》有个故事：卫敬瑜的妻子十六而寡，父母想让她再嫁，她誓死不从。她家的双燕正好也少了一只，她在那只孤燕的脚上缠上

一缕红线，次年，脚缠红线的燕子又孤独地回到她家。触景生情，她写了首诗："昔年无偶去，今春犹独归。故人恩既重，不忍复双飞。"她认为燕子也像她一样，思念亡夫，不忍改嫁呢。

燕子是益鸟，飞行速度很快，能在空中张开嘴捕食，是蚊、蝇、蝗等害虫的天敌。传说燕肉味酸，有毒，鹞鹰吞食后就倒地而亡。人类不吃燕肉，但偶尔有人偷食燕卵，后果难以控制。据《史记》记载，很早很早以前，一个名叫简狄的女人到河边洗澡，"有玄鸟遗卵"，她把玄鸟蛋吞下肚，怀了孕。玄鸟，即黑色的鸟，多数学者认为就是燕子。话说简狄吞下燕卵后，生下一个男孩契。契帮助夏禹治水，封于商，他的后代建立了商朝。《诗经》说"天命玄鸟，降而生商"指的就是这件事：上天命燕子降临人间，生下了商人的始祖。

我们知道，商朝是中国历史上第二个朝代，也是第一个有文字（即甲骨文）的朝代。商人承认自己是燕子的后裔。所以这是真的，中国文明创建之初，就含有燕子的血统。望着天书般的甲骨文，我突然发觉，它们与燕爪留下的印迹非常相似。

玄鸟是燕子吗?

《诗经》名句："天命玄鸟，降而生商。"按照传统观点，玄鸟就是燕子，所以商朝王族以燕子为图腾，自称燕子的后代。现代学者提出了多种不同意见，例如闻一多先生认为玄鸟是凤凰，还有人主张玄鸟是雄鸡、金乌（神话中太阳里的三足乌鸦）或大鹏，没有达成共识。近年来，一些考古学家又提出了玄鸟是鸱鸮（chī xiāo，猫头鹰）的观点。

【鹦鹉】

雪衣娘仿佛一个活生生的聪慧女子，有诗歌修养，还会做梦、析梦、求救、诵经禳灾……

以慧而入笼

聪明的鹦鹉抵得上一个人。《红楼梦》里，林黛玉养的鹦鹉能使唤丫头：“雪雁，快掀帘子，姑娘来了。”大唐宫廷里的鹦鹉，耳聪目明，让人疑心是密探，宫女们“含情欲说宫中事，鹦鹉前头不敢言”。晋代学者张华养过一只白鹦鹉，简直就是管家，他每次出门回家，鹦鹉都会向他汇报仆人的举动。有次鹦鹉不言，张华觉得奇怪，它说：“我被人藏在瓮中，什么也不知道。”原来仆人们造反了。

鹦鹉又称鹦哥，种类繁多，其中少数几种能够模仿人语，被称为慧鸟。宋人罗愿《尔雅翼》描述说：鹦鹉，能言之鸟也，其状似鸮（xiāo，猫头鹰）；上下眼睑会动，仿佛人目；身披绿羽毛，有红色的尖嘴和脚趾。据说，这种红嘴绿鹦鹉，就是如今常见的绯胸鹦鹉。

有人担心鹦鹉学会说话后高谈阔论，喋喋不休。《禽经》透露了一个秘密，鹦鹉的语言天赋，有一个物理开关：“人以手抚拭其背，则喑哑矣。”用手轻轻抚摸它的背部，鹦鹉就会变成哑巴。我没试过，不知灵不灵。

古代最著名的鹦鹉，是杨贵妃养的白鹦鹉，名叫雪衣娘。《明皇杂录》说，雪衣娘非常聪明，教它古诗，数遍就会背诵。有天雪衣娘飞上镜台，对杨贵妃说：“雪衣娘昨夜梦见被鸷（zhì）鸟抓住，难道我要命尽于此？”唐玄宗令杨贵妃教它《多心经》，日夜念诵，保佑平安。很遗憾，雪衣娘最后还是被老鹰搏杀。皇上和贵妃把它葬于宫中花园，称鹦鹉冢（zhǒng）。这个雪衣娘仿佛一个活生生的聪慧女子，有诗歌修养，还会做梦、析梦、求救、诵经禳灾……我猜作者写着写着已经忘了在写鹦鹉。

▶宫廷里的鹦鹉仿佛密探，让宫女提防，但它们像宫女一样，也有自己的故乡，怀念从前翱翔于青山绿水的自由生活。

●**鸷鸟**：凶猛的鸟。

据李开先《闲居笔记》记载，鹦鹉还有情感，通人性。宋真宗养了数百只鹦鹉，见它们烦躁不安，就放它们回老家陇山（六盘山）。多年后，朝廷的使臣路过陇山，鹦鹉们向他问真宗好。使臣回答真宗已经驾崩数年，“众鹦鹉悲鸣不已”。

巧舌如簧、羽色艳丽的鹦鹉，集智慧与美貌于一身。白居易称赞说：“色似桃花语似人。”然而，正因为才貌双全，鹦鹉们才丧失了自由，被关入金笼，沦为人类的玩物。晋人傅咸指出，鹦鹉“以慧而入笼”；唐人纪唐夫说，“鹦鹉才高却累身”，因才华出众而连累了肉体受苦。诗人罗隐因此劝告鹦鹉，说话不要字正腔圆：“劝君不用分明语，语得分明出转难。”话说得太好，你就很难离开牢笼了。

很多人歌咏过鹦鹉，最有名的是祢（mí）衡的《鹦鹉赋》。东汉末年，有人献鹦鹉，请在场的名士祢衡作赋助兴。祢衡文不加点，即席写就《鹦鹉赋》，称赞鹦鹉“采采丽容，咬咬好音”——容貌美丽，声音动人，并且智慧超群，品德高尚；不幸被人捕获，剪去翅膀，关在雕笼里，再也无法翱翔于山林。他感叹道，功名利禄就是金笼，人的命运也像这只鸟啊。

祢衡写鹦鹉，把自己的命运也写了进去。他

唐代的中外鹦鹉

鹦鹉属于鹦形目鹦鹉科，全世界有330多种，我国原产6种。鹦鹉羽毛鲜艳，非常美丽，少数种类经过训练后能够模仿人类语言。我国唐代流行饲养鹦鹉，大唐宫廷中集合了世界各地的能言鹦鹉，其中绿鹦鹉和红鹦鹉出自本土，主要分布于甘肃、四川和两广地区；白鹦鹉和五色鹦鹉来自海外，包括波斯、印度和东南亚地区。

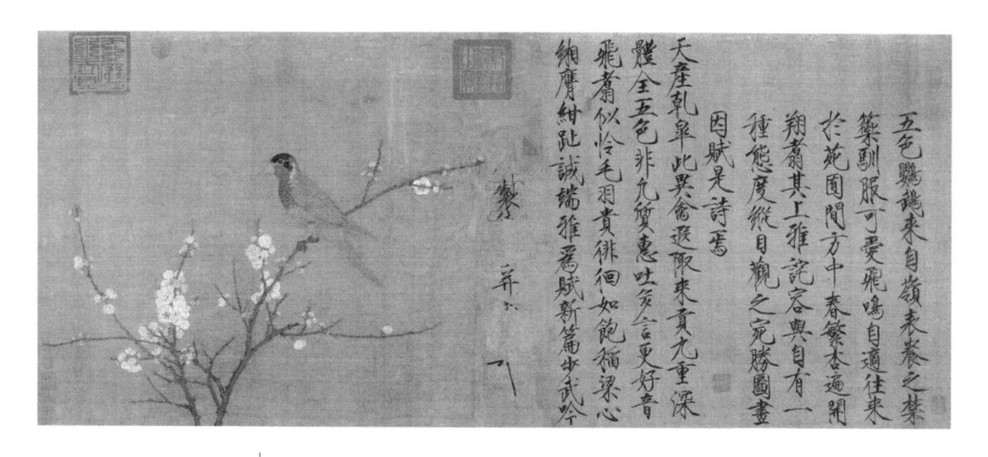

▲宋徽宗赵佶亲笔绘制的《五色鹦鹉图》，又名《杏花鹦鹉图》，前段有宋徽宗用瘦金体亲题的《咏鹦鹉诗并序》，堪称“三绝”（诗书画）珍品。

选自（宋）赵佶《五色鹦鹉图》

恃才傲物，喜欢骂人，曹操被骂得受不了，想借刀杀人，把他送给荆州牧刘表；刘表也受不了，又将他转送给江夏太守黄祖；黄祖性急，被骂后恼羞成怒，终于下了毒手。就像一只鹦鹉，祢衡“因慧而入笼”，辗转于权贵之间，死时年仅26岁。后来，中国历史上数十位顶级文人，包括王粲、曹植、王维、梅尧臣、欧阳修、王世贞、沈德潜等人，忍不住跳上擂台，同题竞技，精心撰写了70多篇《鹦鹉赋》——可惜全都败下阵来。

“鹦鹉能言，不离飞鸟。”实际上，很多人怀疑鹦鹉的智慧。《淮南子》就嘲讽说，鹦鹉只会学舌，

●**《淮南子》**：作者为汉高祖刘邦的孙子淮南王刘安及其门下宾客，内容广博，涉及政治、哲理、天文、地理、自然、养生、军事等方面，被视为诸子百家中杂家的代表著作。

拾人牙慧，不能理解每句话的意思。那倒不一定。随手举个例子，唐代大臣韦皋(gāo)曾作《西川鹦鹉舍利塔记》，表彰河东裴氏养的一只鹦鹉恪守戒律，日日吟诵"阿弥陀佛"，死后火化，得舍利子十余粒。你看，就算一只鸟，精通语言，就有了成佛的可能。生命拥有远大的前景，不妄自菲薄，持续努力，就能超越自我——不管你是一只鹦鹉，还是一个人。

●**舍利子**：指骨灰中的结晶体，也泛指高僧火化后的遗骨。佛教认为，舍利是由修行功德炼就的，多多益善。

▶女性在古代的地位与鹦鹉相似，前者被称为"解语花"，后者被称为"能言鸟"。在日本、印度、伊朗和欧洲，上流社会的女子都喜欢调弄鹦鹉，像是与自己对话。

日本木刻彩画《手提鹦鹉的荷兰女人》，约1820年

【麒麟】

古人相信，麒麟是天下最善良的动物，过着高尚的道德生活。

仁兽的肉身

公元前481年春，鲁国叔孙氏的车夫打柴时逮到一头怪兽，拉回家。没人认得这头怪兽，它的前左腿折断了，叔孙氏觉得不吉利，命人把它扔到城外去。孔子跑去看，发现竟然是一只麒麟，痛哭流涕说："麟也，孰为来哉！孰为来哉！"麒麟啊，你为什么跑到这里来呢！他把麒麟带回家，对学生子贡说：现在没有贤明的君王，麒麟出来得不

◀麒麟的形象历代不同。图为江苏邳州燕子埠出土的汉画像石拓本，右侧马身鹿头的动物有“骐驎”铭文，其头顶有独角，角端有球。

是时候，所以被人当成野兽了。

麒麟是中国古代最尊贵的动物。《礼记》说：“麟凤龟龙，谓之四灵。”除了龟，龙凤都是响当当的角色，麒麟位居四灵之首，自然有些特别的本领。许慎《说文解字》曰：“麒，仁兽也，麇(jūn，即獐)身、牛尾、一角。”看起来，麒麟是像獐子一样的独角兽，以仁爱著称。

毕竟很少人见过麒麟，古人的记述颇为混乱。大体说来，像龙凤一样，麒麟的身上具有多种动物的特征。还有人说，麒麟的模样是“麋(mí)身、牛尾、狼头、黄色、圆蹄，一角，端有肉”，似乎是各种动物部件的大拼盘。按照常理来说，头上长角，说明擅长打架斗殴，但一个肉角，显然毫无杀伤力。有人赞美麒麟“设武备而不为害”，意思

▶明代郑和下西洋，在海外发现了一个“麒麟王国”，组织当地国家进贡。这些被当成“麒麟”的长颈鹿，尽管与明初凤阳皇陵的麒麟石雕(画面左侧前景)大相径庭，还是被大明君臣欣然接受了。

鄭

◀1974年河南偃师出土的一组鎏金铜像，包括大象、天马、黄牛和麒麟，推测为东汉贵族小孩的玩具。麒麟的头顶有独角，角端有小圆球。

是武功在身，但绝不为非作歹。

古人相信，麒麟是天下最善良的动物，过着高尚的道德生活：它的声音像歌声一样优美，走路规规矩矩，不踩昆虫，不践踏草木，不结伴同游，并且能避开一切陷阱和罗网，“王者至仁，则出”——除非圣贤统治天下，实行仁政，才会现身人间。也就是说，麒麟能够分辨善恶，总是在天下大治、政治清明的时代露面，代表上天表示道义上的支持。所以麒麟每次现身，都是普天同庆的政治喜讯，要写进史书。

所谓仁政，是儒家的一种政治理想，要求统治者宽厚待民，让老百姓安居乐业。这么卑微的要求，在古代都很难实现。反正到了孔子的时代，绝大多数鲁国人都不认识麒麟了。在孔子看来，鲁国的国君一点儿也不像圣贤，所以他才痛哭，

●《瀛涯胜览》：明代马欢著，记录了他跟随郑和三次下西洋所经访20个国家和地区的地理位置、山川形胜、社会生活、商业贸易、宗教信仰、物产资源等情况，具有重要的史料价值。

●《古今图书集成》：原名《古今图书汇编》，全书共10000卷，目录40卷，清朝康熙时期由福建侯官人陈梦雷编辑。该书分门别类，汇集了我国从上古到明末清初的文献资料，是现存规模最大、资料最丰富的大型类书。

感叹麒麟“出非其时”。这个世界乱套了。

孔子不知道，后面的时代还会更乱。东汉时期，大约麒麟也等待得失去了耐性，经常乱跑，每每出非其时。史书记载，汉章帝统治时期，麒麟三年内就出现了51次；汉献帝延康元年(220年)，麒麟出现了10次。这导致麒麟的声誉受到重创。著名学者王充就嘲笑：儒者每每说麒麟为圣人而来，太荒谬了，汉章帝难道是圣人吗？

明代郑和下西洋，发现麒麟都在遥远的海外。同行的马欢在《瀛涯胜览》中描述说：阿丹国(今也门亚丁)有麒麟，头长得很高，耳边有两个肉角，牛尾、鹿身，蹄有三趾，扁口。他们带了几只回来，举国欢呼。幸好当时的画像《瑞应麒麟图轴》保留了下来，我们才知道，这些海外麒麟原来就是长颈鹿。

这玩笑开大了。不错，长颈鹿吃树叶，不杀生，可是麒麟的独角在哪里？为什么从来没人提到它有那么长的脖子？然而，陶醉于皇恩浩荡、万邦来朝气氛中的大明君臣并没有质疑，反而撰写了不少长脖子麒麟的赞美诗。郑和死后，海外麒麟成了绝响，逐渐被中国人忘记。两三百年后，明朝王圻、王思义编《三才图会》，清初陈梦雷编《古今图书集成》，回过神来，依然把麒麟画

▶榜葛剌国进贡给永乐大帝朱棣的瑞兽麒麟，原来是长颈鹿。(明)佚名《麒麟图沈度颂》(局部)

成独角兽的模样。

有些学者试图寻找麒麟的原型，提出了獐、牛、四不像、印度犀牛等观点，谁也说服不了谁。我更愿意相信，麒麟是上古儒生虚构出来的观念动物，为了支持他们的政治理想——仁政。观念动物未必不存在。中国历史上，不断有人声称见到了麒麟，甚至捕获了麒麟。在人们一遍又一遍的讲述中，麒麟的形象日渐丰满，越来越逼真。

是啊，历史提供过这样的机会，让麒麟“道成肉身”，拥有一具长颈鹿的躯体。果真如此，孩子们如今可以去动物园观赏长脖子麒麟了。

明代“麒麟之贡”

因为皇帝喜欢麒麟，郑和下西洋时组织外国人向明朝进贡“麒麟”（长颈鹿）。据统计，从1414年至1438年，共进贡6次，海上死去1只，至少有5只“麒麟”来到中国。进贡的国家有榜葛剌国(今孟加拉国)、麻林国(今肯尼亚马林迪)、阿丹国(今也门亚丁)和天方国(今沙特麦加)。我们知道，长颈鹿生活于非洲的草原上，除了麻林国，其他国家的长颈鹿也是从非洲买来的。后来明朝实行海禁，再也没有“麒麟”入华。

【虎】

野生华南虎强悍、俊美而又骄傲。人虎相争，胜负已分。我猛然意识到，人类要失去一位多么伟大的伙伴……

森林之王哀歌

闽西梅花山虎园，铁栏杆后面，几只华南虎懒洋洋地踱着脚步，像是黄皮黑纹的大猫。工作人员投进一只小猪，两只老虎猛扑过来撕咬，小猪的叫声响彻云霄。老虎是高居食物链顶端的肉食者，擅长狩猎与杀戮，但动物园里的华南虎，一向娇生惯养，传说曾被一只活鸡吓得簌簌发抖。近年来虎园对华南虎开展野化训练，投饲活物，希望唤醒它们与生俱来的野性。

虎是陆地上个体最大的猛兽，属于食肉目、猫科、豹属，全世界只有一种，分布于亚洲地区。大约200万年前，最古老的虎起源于华南，然后向周围扩散，演变出华南虎、东北虎、里海虎、孟加拉虎、科比特虎、马来亚虎、苏门答腊虎、爪哇虎、巴厘虎等亚种。近百年来，人类活动的范围扩大，老虎的数量锐减，爪哇虎、巴厘虎和里海虎先后灭绝了；野生华南虎久无音讯，估计已经消失，只剩下百余只在动物园苟延残喘。

▼近代画家张善孖自号"虎痴"，为了仔细观察老虎，曾在家中养了两只真虎，亲自喂养，卓然而成画虎大师。

（民国）张善孖《草泽巨虎》

虎是百兽之王，神出鬼没，威风凛凛，很受中国人崇拜。古人说虎喜欢独行，一山不容二虎；它们立秋始啸，寻找配偶；仲冬开始交配，雌虎怀胎，七月而生子。刘献廷《广阳杂记》说，有猎人捕到一头孕虎，发现其腹中躺着三个两寸长的虎婴，还没形成眉目，就先长出了爪牙。这也难怪，爪牙是老虎吃饭的家伙，在娘胎里就优先发育。

传说老虎打猎就餐，讲究天时，每月上旬从头吃到尾，下旬从

▶猫科动物都是顶级杀手,其中狮子称霸非洲草原,老虎统治亚洲森林,各有自己的领地。但很多人设想,如果二者相遇,到底谁才是王中之王?

(英)LW. 库克《狮子、母老虎和幼崽》,1830年

尾吃到头。又有人说,虎以犬为酒,吃下一条狗就酩酊大醉。既然是兽王,像皇帝一样,虎也有避讳一说,不知谁给它取了个名字叫李耳,于是耳朵成了它的忌讳。《神虎记》说,“虎食物,值耳即止”,意思是吃到耳朵就停,倒是没听说对姓李的人特别照顾。彭乘《墨客挥犀(xī)》还有奇谈,说老虎每吃一人,“则耳成一缺”,耳朵上会出现一个缺口,像是记事本。他举例说,汀州西山有头大虎,残害百姓十余年,食人累累,两耳如锯。

虎是出色的猎人。有人说老虎猎食,只出三招,按它和武松过招的情形看,这三招是“扑”“掀”“剪”,三击不中则舍去,很有武林高手风范。它还有些其他本领。比如对付兔子,它在四周地上尿一圈,兔子便跑不出这圈子,只好坐以待毙。老虎会钓鱼,《里乘》说饿虎往往“垂尾江边,饵鱼

●《里乘》:晚清作家许奉恩撰,一部模仿《聊斋志异》的文言小说集,收录官场科场、民俗民风、家庭邻里、神鬼精怪等故事190篇。

野生虎是森林的君王。就算日后我们重造森林，如果缺少了虎啸龙吟，森林不过是一片死寂的树林，缺乏魂魄。

为食”，这是因为虎尾腥气重，垂在水中，就有各种大鱼来食，正好被它钓上岸。虎口很可怕，兔子之类的小物，入口即没；野鸡之属有羽毛，它先囫囵入嘴，然后仰起脖子喷羽，五彩斑斓的羽毛脱口而出，四散空中。

老虎是森林的君王，人类是平地的主人，各

行其道。近代以来人类大规模破坏森林，导致饥虎频出，伤害人畜，这又招致人类更严厉的报复。我的老家在武夷山区泰宁县，历史上虎患严重，民国《泰宁县志》赫然记着：“（1924年）冬，虎入城。”虎能游泳，厦门岛上的虎溪岩、虎园路，都闪现过真实的虎影。1916年4月15日，有人看见一只老虎从南太武游到鼓浪屿，载沉载浮，头上顶着一束稻草。第二天，这头老虎就被工部局的巡捕击毙，空留下一个虎巷的地名。

除非饥饿，其实老虎很少主动伤人。20世纪80年代末，我与朋友在老家双门石的大山里宿营，清晨独自来到林间，突然听见侧后方响起呼啸的风声，一个矫健的身影腾空而过，如同一团金黄的火焰，落到我前面十余米远的地方，一溜烟失去了踪影。我愣在那里，大脑一片空白，它居然没有袭击我！

我记忆里的野生华南虎，强悍、俊美而又骄傲，与虎园之虎完全不同。人虎相争，胜负已分。我猛然意识到，人类要失去一位多么伟大的伙伴。就算日后我们重造森林，然而缺少了虎啸龙吟，森林不过是一片死寂的树林。我看见的未来，是漫长而平淡的无虎时代，黯然神伤。

小贴士

华南虎灭绝了吗

华南虎原名厦门虎，又称中国虎，是我国特有的虎亚种，目前仅存100多只，生活在人工环境里。这些圈养的华南虎，均为20世纪五六十年代捕获的两雄四雌的后代，已经发展到第五、第六代，近亲繁殖现象严重，有重大遗传缺陷，生存技能退化。很多学者认为，即使进行野化训练，这些华南虎也无法恢复自然种群，作为一个物种，华南虎已经灭绝了。

【象】

地球生命史上出现过许多庞然大物，例如巨犀、猛犸、大地懒、棘龙和恐象，把生命的奇伟壮丽推向极致。然而这是一条绝路。

巨兽的残山剩水

我国境内的野生象只有两三百头，属于亚洲象，残存于云南省西双版纳一角。2020年3月，十几头野象从西双版纳出发，向北迁徙，一路走走停停，其间产下一头小象，至昆明市境内才掉头南返，次年11月回到传统栖息地。得益于网络时代的影像传播技术，这支象群漫游的一举一动，吸引了全世界的目光。很多人第一次知道，大象是侧卧着身体睡觉的，长长的鼻子盘成圈；还有不少人反思：象群为什么北迁？难道它们在西双版纳待得不舒服？

西双版纳只是亚洲象的暂时栖息地。回到3000多年前，大象的生活版图北扩1500多公里，一度饮水黄河。古文字学家罗振玉说："象为南越大兽，此为后事，古代则黄河南北亦有之。"胡厚宣先生认为，河南的简称"豫"字，画的就是一个人牵着象，可见该地产象。这种观点得到了历史气候学家的支持。据竺可桢先生的研究，当时中原地区的气温比现在高两三度，犀牛野象成群出没。实际上，华夏文明发祥于大象的故乡。

我国古代的舜帝，很可能就是一个驯象者。

▶中国的象群，3000多年前饮水黄河。随着气候变冷，历史上一路南迁，节节败退，如今偏安于云南省西双版纳一角，仅剩数百头。

◀中国古代五帝之一舜可能是个驯象者。传说舜的孝行感动了上天，"象耕鸟耘"——大象为他耕地，小鸟为他耘田。尧帝知道后，把两个女儿嫁给他，还把帝位传给了他。

选自陈少梅《二十四孝图》"孝感动天"，1950年

《帝王世纪》说，舜在田间干活，有群象替他耕地。舜的后代训练出了战象和舞象，但没训练出耕象。随着天气变冷，象群被迫迁徙，向着温暖的南方节节败退：战国时期失守黄河流域，退到江汉平原，野象成为楚国的特产；唐代象群渡过了长江；到了1000年前的宋初，最后一批大象越过南岭，退出长江流域；元明清时期大象撤出福建、广东和广西，偏安于云南一角残山剩水。

长鼻目动物出现了很多史前巨兽，唯有象科一支幸存下来，包括如今的亚洲象、非洲象和侏儒象。象是陆地上体积最大的生物，无论在哪里现身，都是醒目的存在。三国吴人万震的《南州异物志》描述象，十分生动："身倍数牛，目不逾豨（xī，猪），鼻为口役，望头若尾……行如丘徙。"大意是，身体比几头牛大，双目却小如猪眼，鼻子被嘴巴奴役，看前面仿佛后面，行走如山丘迁移。

▲明清不少画家绘有《扫象图》或《洗象图》，象征着扫除污浊，洗去世相（象）尘埃的意思。

（明）丁云鹏《洗象图》

以体型论，大象堪称百兽之王，人们千方百计驯服它们朝拜人间帝王，来证明皇权的合法性。据说唐朝叛将安禄山攻占

●**《东京梦华录》**：宋代孟元老的笔记体著作，追述宋徽宗崇宁到宣和年间（1102—1125），都城东京开封府的风俗人情。

长安后，俘虏了唐宫舞象，向各部落首领吹牛："我统治天下，是天命所归，就连大象都特意从南方赶来跪拜。"但这些舞象不肯屈膝下跪，安禄山恼羞成怒，命人把它们都杀了。《东京梦华录》记载，宋代驯象人曾把大象领到宣德楼前，排列成队，"面北而拜，亦能唱喏"。所谓唱喏，就是高声致敬。一个政权是否受命于天，除了倾听民意，古人认为还要参考兽意和禽意。

禁止象牙贸易

象牙雕刻是名贵的工艺品，很多人屠杀大象，仅仅为了获取一对象牙。据统计，1979年非洲大陆有130万头大象，如今仅存40万头，每年还有大约2万头惨遭偷猎。"没有买卖，就没有杀害。"国际社会达成了禁止象牙贸易的共识。从2018年起，中国全面禁止象牙与象牙制品的交易。

唐代医药学家陈藏器说，象肉味咸，并且酸，吃不得；又说象身有十二种肉，配十二种生肖动物，只有它的鼻子是本肉。象胆明目，与熊胆功效相同，但这宝贝喜欢到处躲藏。宋太宗曾命人取象胆，怎么也找不到，只好请教大学问家徐铉。据《类苑》记载，徐铉是这样说的："象胆随着四季的变化而游走，春在前左足，夏在前右足，秋后左足，冬后右足。现在是二月，你们去象前左足找吧。"

大象身上最贵重的珍宝是象牙。古人相信，象牙闻雷而生花，其纹理来自天象感应。《南州异物志》称：大象每岁换牙，对旧物充满感情，会掘地埋藏。人们盗取象牙，要先做好假象牙再去掉包，以免被大象察觉，否则它们会另换地方埋牙。实际上，大象并非每年换牙，人们也不是偷牙，而是公然杀象取牙。正如《左传》所说："象有齿，以焚其身。"象牙给大象带来了无穷的杀身之祸。

在地球生命史上，曾经出现过许多庞然大物，例如巨犀、猛犸、大地懒、棘龙和恐象，把生命的奇伟壮丽推向极致。然而这是一条绝路。最终是孱(chán)弱而渺小的人类，凭借智慧，成了历史上的驯象者。

●**《左传》**：原名《春秋左氏传》或《春秋左传》，编年体史书，记录中国春秋时期中原各国的历史，相传作者为春秋末期的鲁国史官左丘明。《左传》的目的是为《春秋》作注解，与《公羊传》《谷梁传》合称"春秋三传"。

【牛】

中国人把牛当成家人，很少吃牛肉。回顾历史，牛肉成为重要肉食，两次都与游牧民族入主中原有关。

以牛为命的民族

传说牛和龙的耳朵都是摆设。龙耳为“聋”，很容易理解。牛耳呢?宋人张世南说，有次观察屠夫劈开牛头，发现牛耳堵塞无孔，这才信服前人所说的“牛以鼻听”。他认为，牛要把声音先转变为气味，“闻”进鼻腔，再传入大脑，自然显得迟钝、笨拙。牛代表了一种坚毅而执拗的性格类型。苏东坡和固执的司马光争辩，终于失去耐心，气呼呼道:“司马牛!司马牛!”

迟缓中含有大智慧。传说老子出关,骑的是青牛,关令尹喜把他拦了下来,请他写下五千言《道德经》。老子的思想散逸、坚实,其惊人的忍让和宽厚,都显示了牛的智力特征。骑在马上的头脑是不能产生的。

●**《道德经》**:春秋时期老子(李耳)的哲学作品,又称《道德真经》《老子》《五千言》等,全文共81章5000多字,是中国历史上最伟大的名著之一。

中国的家牛,除了青藏高原上的牦牛,都来自域外:黄牛是从西亚传入的,水牛和瘤牛的原产地在印度。它们成了中国古代最重要的畜力。马车虽然高贵,但牛车才是普通人的交通工具。《史记》记载,西汉初年,战乱方罢,天子都凑不齐花色相同的四匹马,将相只好乘牛车。《后汉书》说,光武帝刘秀起兵时,骑的就是一头牛。宋朝丢失了西北牧马之地,连贵族妇女出门,都用牛车代步;《清明上河图》《溪山行旅图》《盘车图》等宋画,描绘的基本上是牛车。

◀老子的思想散逸、坚实,骑在马上的头脑是不能产生的。

(宋)晁补之《老子骑牛图》

对于农业民族,

▲唐代的韩滉是宰相、画家，其代表作《五牛图》画出了牛的憨厚、驯良和朴实，充满魅力。该画也是现存最古老的纸本中国画。
选自（唐）韩滉《五牛图》(局部)

牛的最大用处还不是拉车，而是耕田。“一牛当四夫。”南宋诗人吴革说。意思是一头牛耕地，顶得上四个壮劳力，难怪“农以牛为命，爱牛如爱儿”。牛耕的普及，让农民摆脱了沉重的体力劳动，大大提高了生产力。历代统治者都很重视，颁布了严厉的保护耕牛法令。商鞅所定的秦律规定：“盗马者死，盗牛者加(枷)。”偷牛的代价是上枷、坐牢。那么我杀自家的牛行吧？也不行！牛主私自宰牛，唐宋律“徒一年”，服一年徒刑。明清律“杖一百”，屁股上打一百棍。就连老弱病残之牛，许多

◀戴嵩是韩滉的弟子，也以画牛闻名，尤其善画水牛，与韩干画马，并称“韩马戴牛”。

（唐）戴嵩《斗牛图》

朝代也禁止杀害，只许将自然死亡的牛拿去买卖，或者食用。

这就造成了严重的牛肉短缺。古人很少吃牛肉，很多食谱根本就没有牛肉制品。南朝刘宋时期的《食珍录》，收录了鹿、羊、虾、鹅、鱼等食材，无牛。隋朝谢讽《食经》也未提牛肉。宋代周密《武林旧事》列举了杭州100多道菜名，琳琅满目，却没有一种牛肉制品。《玉食批》记宋代宫中食谱，有羊，竟然也没牛。明清时期牛肉依旧稀缺。有人统计，晚明小说《金瓶梅》中出现了羊肉50多次，牛肉、牛肚、牛肝各1次；清代小说《红楼梦》出现羊肉10次，只有牛舌出现1次。

你会说，《水浒传》不一样，好汉们走进酒店，总是豪迈地说："小二，来一壶好酒，切两斤牛肉。"但这是元代作家施耐庵写的小说。元代非常特殊，吃惯了牛羊的蒙古族人，把塞外的饮食习俗带入中原，牛肉因此成为常食。元人忽思慧《饮膳正要》就记载了大量的牛肉做法。施耐庵想当然地认为，宋朝也和元朝一样，让鲁智深、李逵、武松大碗喝酒，大嚼熟牛肉。总计《水浒传》出现羊肉12次，牛肉高达31次，的确是一部奇书。

回顾中国历史，牛肉成为重要肉食，两次都与游牧民族入主中原有关，一次是北魏，一次是元朝。北魏是鲜卑族建立的，他们早年在草原上牧牛，目的就是获得肉类和奶制品，与汉族养殖耕牛不同。他们对牛有自己的理解。这时也出现了一部奇书，北魏高阳太守贾思勰的《齐民要术》，记载了用牛肉制作肉酱、脯（干肉）、炙（烤肉）等方法。中国的牛肉文化，受游牧民族的影响很深。

●**《齐民要术》**：北魏贾思勰著，综合性农学著作，系统地总结了6世纪以前黄河中下游地区农牧业的生产经验和技术，被誉为"中国古代农业百科全书"，也是我国古代五大农书（《齐民要术》《农桑辑要》《王祯农书》《农政全书》《授时通考》）之首。

我母亲不吃牛肉，并非出于信仰，而是慈悲。她说牛太苦命，只吃一点儿草，却为人在田间辛

苦劳累一生，临死还要挨一刀，剥皮抽筋割肉挖心，不忍心吃。母亲不识字，却记得许多牛通人性的故事，诸如张三家要请人宰杀老牛，牛会突然下跪流泪云云。中国人与牛相处数千年，已经视同家人，感情深厚。

欧洲人不吃狗，中国人不吃牛，不必指责对方野蛮，体现的只是两种文化传统的差异。无论如何，把慈悲心从人类推广到动物身上，是人性的进步。

日行千里的“快牛”

我们说老牛破车，拖拖拉拉，其实古书里也记录了不少“快牛”。张勃《吴录》记载，合浦徐闻县的牛“日行三百里”。《晋书》谈到王恺有牛“八百里駮”。祖台之《志怪》说，西晋名将苟晞征集快牛，竟得到一头日行千里的牛，足以匹敌千里马；但苟晞自己把牛杀了，想研究它为什么跑得这么快，结果只发现它背上两条筋特别粗大。

【马】

人与马的结合，改变了战争的形态，草原上的游牧民族爆发出空前的速度与力量，对农耕民族造成致命威胁。

天马西来

伯乐的儿子不会相马。传说他按照父亲的《相马经》去找千里马，结果找回来一只癞蛤蟆。伯乐早就告诫过：良马可以形容筋骨，至于千里马，若灭若没，若亡若失，非言语图画可以描绘。就像人类中的天才，例如牛顿、爱因斯坦，你无法通过试卷去识别。另一位相马大师九方皋，替秦穆公找马，被人嘲笑雄雌不分，连毛色都搞错了，

◀汉武帝的大宛汗血马已经消失，但我们可以从出土文物西汉鎏金铜马身上，依稀感受到“天马”的风采。专家考据，这匹马的原型就是当年的汗血马。

西汉鎏金铜马，1981年出土于陕西茂陵

但他真的找来了千里马。

家马由野马驯化而来。大约5000多年前，马在中亚草原被人驯化，距今3300年的商代晚期，传入我国中原地区。人与马的结合，改变了战争的形态，草原上的游牧民族爆发出空前的速度与力量，对农耕民族造成致命威胁。为了对抗匈奴骑兵，获得更多的战马，获得良马以改良马种，成为中原王朝的当务之急。

草原出好马。东胡向匈奴单于（chán yú，*匈奴的君主*）求千里马，匈奴贵族皆曰：“千里马是匈奴国宝，不给。”单于说：“与人邻国，奈何爱惜一马？”很大度地送给了他们。最好的马产自西域的乌孙国（今新疆伊犁）和大宛（yuān）国（今乌兹别克斯坦费尔干纳盆地）。乌孙国与汉结盟，“以千匹马聘汉女”，也就是说，汉武帝让细君公主远嫁乌孙王，换来了一千匹乌孙马。

汉武帝对于好马的追求，近乎偏执。大宛国有一种汗血马，高大健美，日行千里，他派使者持千金求购。大宛国王不卖，因为言语冲突，还杀了汉使者。汉武帝命李广利为贰师将军，率领骑兵六千和无赖之徒数万人，讨伐大宛国；出师不利，

▲韩干是唐代画马名家，以唐宫中厩马为原型，所画之马肥硕雄健，栩栩如生；但诗人杜甫批评他“画肉不画骨”，引起争议。

（唐）韩干《牧马图》

世上有千里马吗？

千里马是一个神话。目前赛马的1000米世界纪录为53.7秒，相当于秒速18.62米、时速67公里——略高于高速公路规定的最低时速。当然，没有哪匹马能这样跑上一个小时。即使世界上最快的马，每日奔走也不过150~200公里。有个实例，安禄山在范阳郡（今北京、天津、涿州一带）叛乱的消息，驿马第6天送到了身在陕西临潼的唐玄宗手上，两地距离1500公里，等于日行250公里。然而，这是无数匹驿马接力狂奔创造的速度。

汉武帝万里远征，抢夺汗血马，改良了中原马的体质。正是凭借优良的战马，汉家大将西出师，击败匈奴，在天山南北纵横驰骋。

又续发六万军队和更多的私人武装。战争持续了四年，这个中亚小国抵挡不住，终于投降。汉军生还玉门关者只有万余人，带回了“善马数十匹，中马以下牝牡三千余匹”。汉武帝十分高兴，亲自作《天马歌》：“天马来兮从西极，经万里兮归有德。乘灵威兮降外国，涉流沙兮四夷服。”

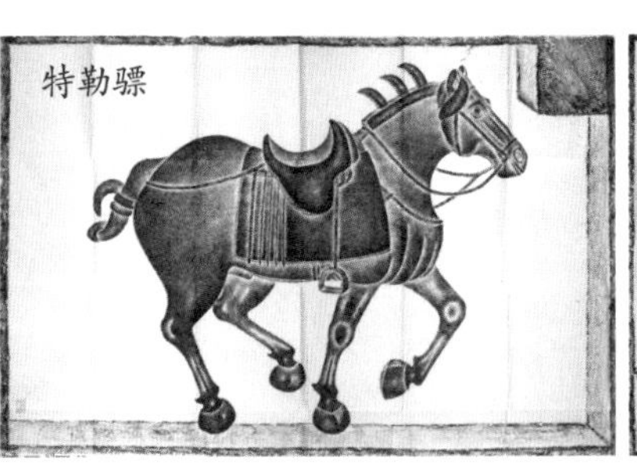

▲唐太宗的昭陵六骏堪称一代名骥，很可惜，其中二骏——飒露紫和拳毛騧，民国年间流落到了美国。

图为美国弗利尔美术馆藏“昭陵六骏”拓片

一场代价惨重的战争，战利品不过几十匹汗血马，很多人批评汉武帝好大喜功，劳民伤财。他们没有注意到，引进优良的西域马后，中原马的体质得到了很大改良，速度、耐力和负重能力都大大提高。马是冷兵器时代最重要的战争工具，兵强马壮，是国力强盛的象征。精通相马术的东汉名将马援说：“马者，甲兵之本，国之大用。”正是凭借优良的战马，汉家大将向西出师，击败匈奴，在天山南北纵横驰骋。

名马如美人，倾国倾城。然而美人不会被人错过，骏马却往往被人当成凡躯。隋文帝的狮子骢（cōng），也是大宛国进献的千里马，能朝发长安，暮至洛阳，隋亡后下落不明。唐太宗李世民敕令天下寻访，按《朝野佥（qiān）载》记载，最后发

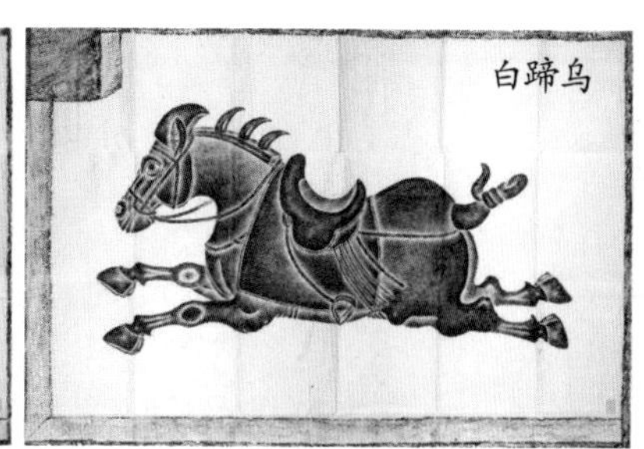

现它在一家面粉店拉石磨，马尾焦秃，皮肉上很多烂洞。一代名马，晚境如此，令人感伤。结果是“帝自出长乐坡”迎接，隆重礼遇。狮子骢后来生了五匹马驹，都是千里马。

与汉武帝不同，唐太宗戎马半生，荡平群雄，马上得天下，对战马感情最深。公元636年，他开始建造自己和皇后的陵墓，命艺术家为自己先后骑过的六匹爱马——特勒骠、青骓（zhuī）、什伐赤、飒露紫、拳毛騧（guā）、白蹄乌——浮雕造像，放在陵墓前陪伴自己，俗称“昭陵六骏”。相传六骏出自名家阎立本、阎立德之手，造型优美，栩栩如生，连马身所中的箭矢都刻画入微。遗憾的是，其中二骏——飒露紫和拳毛騧，民国年间流落到了美国。马不一定要日行千里，但能托付生

▲选自(宋)李公麟《五马图卷》(局部)

●**荆轲**:战国末期卫国人,著名刺客。公元前227年,荆轲受燕国太子丹的委托前往秦国,伪称进献土地,把匕首藏在地图里,谋刺秦王嬴政,但失败被杀。"图穷匕见"的典故即来源于此。

死,决胜疆场,建功立业,便是一代名骥。

有人说,伯乐的儿子不是不会相马,只是不会相千里马。伯乐授徒,教不喜欢的弟子相千里马,教喜欢的徒弟相驽马。千里马很稀罕,其相术与屠龙术无异,很难混饭吃,远不如分辨驽马的本领实惠。燕太子丹请荆轲刺杀秦王,荆轲摆架子:"听说千里马肝美。"燕太子丹转眼就端出一盘千里马的肝。除了荆轲,谁还能把千里马当饭吃?但荆轲既然吃了千里马,除了一死,也无以为报。

【猫】

人类为什么要养不捕鼠的猫?显然,养着养着,猫变成了宠物。实际上猫也在驯化人类。

猫的诱惑

邻居养一猫,每夜叫春,凄厉而急。有次我在楼梯拐角遇到了它,是只花猫,腰身颀(qí)长,体态柔软,颇有少妇风韵。它静静趴在窗棂上,机警地望着我,双眼淡漠。我伸手想去抚摩,它轻盈一跃,失去了踪影。《隋书》称母猫为猫女,山东河北人则称女猫,他们都观察到猫最像女人。此后,再听到猫叫春,就想起那只美丽的女猫。

猫的许多别名都极其女性化，例如乌圆、狸奴、玉面狸、衔蝉、雪姑、粉鼻、花奴，还有人称她昆仑妲己。最后这名字让我们想起狐狸精。清代彭左海《燃青阁小简》就说："猫解媚人，故好之者多。"他认为猫属于狐类，能够魅惑人类。

"猫如小虎，无文(纹)，其色不一，善捕鼠，嗜鱼。"明陈继儒《妮古录》的介绍十分简洁。猫就是没有条纹的小虎，虎就是不会上树的大猫，都属于猫科动物。日本无虎，浮世绘画家照猫画虎，也有几分神似，自成一派。如果被人嘲笑"画虎不成反类犬"就糟了，狗属于犬科动物，差得很远。

猫科动物都是些体型彪悍、杀气腾腾的家伙，包括大名鼎鼎的老虎、狮子、豹、美洲豹、猞猁(shē lì)等，现存37种，拥有一个共同的祖先。与这些食物链顶端的猛兽相比，小兄弟家猫最没出息，爱吃鱼，喜欢捕些小老鼠。然而，谁笑到了最后呢?除了家猫一枝独秀，其他猫科动物要么已经灭绝，要么即将灭绝——被列为珍稀或濒危物种。

显然，9000年前，中东地区的一支野猫决定与人类合作，接受驯化，是非常明智的选择。家猫寄生人类的家庭，繁殖自己的后代，扩张到全世界。

猫是昼伏夜出的动物，与人类的作息时间正好相反，所以特别神秘。猫眼又称"日月眼"，瞳孔

▶猫是尚未完全驯化的家居动物，又昼伏夜出，行踪可疑，让人不大放心。俗传猫能拜月成精，魅惑人类。然而，养猫人迷恋的，或许正是探索和驯服它们的危险乐趣吧。

随时间而变化，早晚圆形，正午窄长成线，并且具有神奇的夜视能力，看穿黑夜。《酉阳杂俎(zǔ)》说猫是阴性动物，鼻端四季常冷，只有夏至一日温暖。李元《蠕范》称，死猫埋在园子里，可以引来竹子。还有一种流传广泛的说法：猫认屋，犬认人，猫出门便不识主人。事实上，对于猫的忠诚，人们从不抱有太大的信心。

●《酉阳杂俎》：唐代段成式所撰的笔记小说集，分类编录，既有志怪传奇故事，又有社会民情、遗闻逸事、异域珍异、物产资源、草木虫鱼等，与晋张华的《博物志》相类。

人类害怕黑夜，觉得夜行动物都有些鬼鬼祟祟，甚至邪恶。黄汉《猫苑》记载，在宁波一带，人们见到猫拜月，即杀之，生怕它变成妖精。清代《坚瓠(hù)集》说，金华猫养三年后，常常在深夜蹲踞屋顶，伸口对月，吸其精华，久之成为妖怪魅

◀画面中的白猫与黑猫，像黑帮头目一样接头，颇为诡秘。(法)马奈《猫的会晤》，1868年

▶日本画家歌川国芳的工作室到处是猫。据说他一生画过上千只猫，还把歌舞伎演员等画成了有趣的“猫人”形象。选自(日)歌川国芳《时髦的猫杂耍球》,1841年

人,“逢妇则变美男,逢男则变美女”,受害者往往为情所困,郁郁而终——这手段好厉害,人类最难分清的就是爱情和中邪。

猫是驯化尚未完成的家居动物,比狗更独立、更野性。猫的致命诱惑,就是它们身上那种与人类若即若离的气质,冷漠而又孤傲。养猫人迷恋的,或许正是探索和驯服它们的危险乐趣吧。

纳猫如同娶妇，在古代颇为隆重，要准备聘礼。宋代诗人黄庭坚的聘礼是柳枝穿着的几条鱼——“买鱼穿柳聘衔蝉”，陆游的聘金是一包盐——“裹盐迎得小狸奴”；《丁兰石尺牍》说，温州人聘猫，用的是盐醋；清人黄香铁谈到潮州人聘猫，用的是一包糖。潮州人大错，实际上，猫科动物都无法品尝甜味，也消化不了糖分。

人们养猫，最初是对付偷吃粮食的老鼠，但是在许多人家，猫粮的开支远远超过鼠耗。《退醒庐笔记》提到某个管门人养了三十六只猫，自己收入不多，还要每天花费三百文钱为猫买鱼。《猫苑》记载余青士的母亲养了百余只猫，专门雇了一位老太婆喂养。猫仿佛变成了主人，奴役着养猫人四处寻找猫食，供养它们。

清代杭州才女孙荪薏爱猫，著有一本汇集历代猫事的《衔蝉小录》，书中记录了各种中华田园猫，还提到外来的“狮猫”（波斯猫）：“形如狮子，毛长、尾长、身大、色白，有日月眼或金眼，不捕鼠。”人类为什么要养不捕鼠的猫？显然，养着养着，猫已经变成了宠物。实际上，猫也在驯化人类，让这种自诩（xǔ）最具智慧的生物，为它的生活操心。

小贴士

“猫咪长城”

猫科动物都是顶级杀手。被主人弃养的流浪猫，不少回归自然，变成危害极大的野化猫。据统计，全球至少有33个物种的灭绝与猫有关，其中包括不少鸟类。2018年，深受困扰的澳大利亚绝望之下开始捕杀野化猫，并修建了世界上最长的“猫咪长城”：一道长达44公里的铁丝围栏，圈出一个94平方公里的无猫区，用来保护兔耳袋狸、金斑羚、黑脚岩袋鼠等10种本土濒危野生动物。

【兔】

全世界的家兔都源自欧洲穴兔。海外白兔入闽，当即终结了我国历史悠久的白兔崇拜，再也没人敢把白兔献给皇帝了。

海外白兔入闽

记得多年前，我母亲养了一对大白兔，养得心惊肉跳。有天傍晚，她发现兔窝里有许多兔毛，摸摸兔身，毛长得很牢，并非换毛脱落的。她没在意，把兔毛扔了。第二天早晨发现5只新生小兔冻死在兔窝。原来毛是母兔硬从身上拔下的，预备给小兔御寒。母亲很伤心，觉得自己害死了5只兔子。只过了一个月，母兔又突然产下了7只小兔。这次事先没有拔毛，或许它认为在我家拔毛也没用，结果又冻死了。母亲慌了，生怕母兔哪天又落出一窝兔崽子，央求我父亲把两只大白兔都杀了。

家兔耳长而尖，眼大而圆，温顺机敏，孩子们特别喜爱。有次我带儿子去养殖场参观，刚出生的幼兔仿佛小老鼠，比我的拇指略大，通体殷红，无毛，还没张开眼。儿子把一只幼兔托在手心上，轻轻抚摩，爱不释手，在兔窝边消磨了一个下午。

兔子是中国人熟悉的动物。到处都有野兔，连月亮里都有只玉兔。我们还记得很多成语典故，例如守株待兔、狡兔三窟、兔死狐悲、月兔捣药、狡

▶唐代妇女使用的铜镜背面，往往雕饰月宫图案。当时的月宫里面，已经住着嫦娥、金蟾、桂树和一只捣药的兔子。

选自（唐）月宫铜镜拓片

▶白兔是《爱丽丝梦游仙境》中的虚构角色，穿着背心，带着怀表和一柄雨伞，总是匆匆忙忙地赶时间。主角爱丽丝因为追逐白兔而掉下兔子洞，并进入仙境。

选自英国童书《爱丽丝漫游奇境》，约翰·坦尼尔绘，1890年

兔死走狗烹……奇怪的是，古人对兔子的了解非常少，停留于一些诗意想象。汉代学者王充《论衡》说："兔舔雄毫而孕，及其生子，从口中出。"意思是母兔舔雄兔的毛就会怀孕，小兔出生，是从母兔嘴里吐出的。葛洪《抱朴子》说："兔寿千岁，满五百岁者，其毛色白。"意思是成了精的白兔善于变化，是吉祥之兆，人以为贵。北宋诗人陈师道《后山集》说，世间之兔都是雌兔，唯有月宫中的是雄兔，所以雌兔"望月而孕"，看着月亮就会怀孕。

●**《论衡》**：东汉思想家王充所著，现存文章85篇，解释世俗之疑，辨照是非之理。本书批判汉代儒家的"天人感应"学说和神秘主义理论，博识雄辩，是中国思想史上罕见的无神论杰作。

这些观点，直到明末才受到医药学家李时珍

的严肃批判。他说:兔有雄雌,“此不经也”——望月而孕的说法很荒唐。我也觉得奇怪,一件问问养兔人就明白的事,为什么会一错上千年?

那么,中国从什么时候开始养兔?我竟然找不到信服的答案。原来,这里面牵扯一个更重要的问题:古人饲养的是什么兔?来自哪里?也许你会说,把山林里的野兔抓来饲养,若干代之后,不就变成了家兔吗?大错!

我们要知道,兔科动物,下有兔属(又称旷兔)和穴兔属两大类。所谓旷兔,就是在旷野上奔跑的野兔,独居,不会打洞,一出生就有毛、开眼,能立刻行走;我国境内共9种野兔,均属于旷兔,至今不能驯化。所谓穴兔,就是在地下打洞做窝的野兔,群居,出生时无毛、闭眼,一周后才睁开眼、行走;仅分布于欧洲和北非,是所有家兔的祖先。

欧洲穴兔驯化很迟,直到16世纪才在法国

野兔

家兔

◀中国的野生兔属于旷兔,褐色;家兔属于穴兔,来自海外,多为白色。选自(清)《中国自然历史绘画·动物画谱》

▲我国古代的白兔，属于偶然的基因突变，极其罕见，被视为祥瑞的象征，往往进献皇上。画家也经常在作品中描绘白兔。(清)冷枚《梧桐双兔图》

的修道院中养殖成功，然后传遍全世界。也就是说，公元1500年以前，中国不可能养殖家兔；即使养兔，也与如今的家兔没有关系。

在我国，白兔是兔中极品。这是因为我国的野兔都属于褐色兔，偶尔基因突变，出现一只全身毛色雪白的白兔，就被视为国家的祥瑞，进献皇上，重重有赏，还要载入史册。《明实录》记载了25次“白兔事件”，最后一次发生于公元1566年，太医院“李乾献白兔”，龙颜大悦，文武百官都向皇帝贺喜。

“李乾献白兔”为什么会成为绝响？读清初李世熊的《宁化县志》，我才找到答案。他说，明崇祯年间“海舶携白兔来泉、漳”，人们争相购买，每只白兔高达数百金。但兔子的繁殖力惊人，转眼间白兔遍地，价格大跌，很多人因此破产。这种白兔会挖洞,“半月方开眼”,显然是来自欧洲的穴兔。清初史家谈迁《枣林杂俎》也谈到此事:明万历年间,海商“自暹罗(xiān luó,泰国)携白兔归闽”,传播到江浙地区。

这是欧洲家兔传进中国的最早记载。我倾向于相信,白兔在万历年间(1573—1620年),从漳州月港(今龙海区海澄镇)登陆。月港是晚明唯一开放的外贸港,每年都有大批商船前往东南亚地区,与欧洲商人贸易。白兔入闽后,风靡大江南北,演化为如今的“中国白兔”(又称“中国本兔”)品种——很多学者竟然误以为它们是本土家兔。

白兔泛滥成灾,没人敢献给皇帝了。中国历史上源远流长的白兔崇拜,戛然而止。

兔子的繁殖力

兔子是食草动物,没有尖牙利爪,仅有的本领是胆小和腿快,以及不可思议的繁殖力。母兔一年最高可以繁殖10胎,每胎平均五六只,一年可以产仔五六十只。而新出生的母兔,四五个月就可以性成熟,开始产仔。也就是说,年初出生的幼兔,到了年底,就可以见到自己的孙子。澳大利亚原本没有兔子,1859年有位农场主把来自英国的24只野兔放生,半个世纪后,就变成了100亿只,造成重大生态灾难。

【龙】

驯龙功亏一篑，让华夏民族飞龙在天的梦想，终于破碎。

驯龙传说

远古时期，龙是部落首领最隆重的交通工具。《史记》说，黄帝骑龙升天；《山海经》称，祝融氏、夏后启、句芒等人“乘两龙”出行——猜想过去，应该是双龙拉车。直到夏朝，豢（huàn，喂养）龙和御（驾驭）龙还是一种家族世袭的职官。差一点儿，龙就变成了华夏民族的家畜。

公元前513年秋，据《左传》记载：“龙见于绛

龙最终没有被驯化为家畜，反
而是中国人变成了“龙的传人”。

郊。"龙出现在晋国的绛城(今山西运城绛县)郊外。很多人惊慌。这时,晋国太史蔡墨讲了一段驯龙往事:从前,有个叫董父的人了解龙的嗜好,驯服了龙,伺候帝舜,帝舜赐他为豢龙氏,世世代代养龙。后来夏朝有个叫孔甲的君主,天帝赐给他两对龙,可这时已经没人养龙了,只有刘累向豢龙氏的后代学过一点儿驯龙术,来替孔甲养龙,因此被赐为御龙氏。刘累养龙还欠火候,死了一条雌龙,他偷偷做成肉酱献给孔甲吃。孔甲觉得味道很美,过了些时候再讨,刘累拿不出来,逃亡去了鲁县……

豢龙氏没落了,御龙氏跑了,龙在人间没有知音,很少光临。《庄子》说:有个叫朱泙漫的人,耗费了千金家产,向支离益学习屠龙术。三年而

▼龙是否为真实生物并不重要。就算它是虚构的,但对中国文化产生了真实的影响。图为汉代画像砖《勇士斩孽龙》

技成，但是没有地方使用，到处都找不到龙。屠龙术从此失传。

秦汉以后，龙踪虽罕，若干年总会现身一次，像是害怕被人忘记。唐代韦皋镇守四川时，资州献上一条龙，身长丈余(3米多)，韦皋将它装进木匣，放在大慈寺殿上展览，百姓从四方赶来观看，三天后龙被香烟熏死。《旧唐书》记载说，褚无量家住湖边，十二岁时，“湖中有龙斗”，但他专心读书，端坐不动。到了明清时期，龙的目击报告急剧下降，变成了传说中的动物。

神龙百变，见首不见尾，很难描述它的形象。《说文解字》说：“龙，鳞虫之长，能幽能明，能细能巨，能短能长，春分而登天，秋分而潜渊。”你看，我们知道它上天下海，无所不能，却闹不清它的颜色、大小和长短。古人认为龙有“九似”——身体各部分像九种动物。宋人的看法是：“角似鹿，头似驼，眼似兔，项似蛇，腹似蜃，鳞似鱼，爪似鹰，掌似虎，耳似牛。”但民间流传的画龙口诀却说：“牛头鹿角眼如虾，鱼鳞鹰爪蛇尾巴，如欲画出活现龙，九曲三弯总不差。”龙形不定，仿佛一面镜子，每个人都看到了自己想看的动物。

龙和水的关系特别密切。潜龙在渊，如果飞龙在天，则兴云布雨。《北梦琐言》说，有些不爱降

雨的懒龙怕雷神收捕，往往逃进牛角或人身，连累牛和人被雷劈死；又说龙怕火，五代时，辰州的村民向氏烧荒，把躲在芦苇丛中的一条龙烧着了，风雷急雨都扑不灭，不久化为灰烬，唯有龙角不化，莹白如玉。

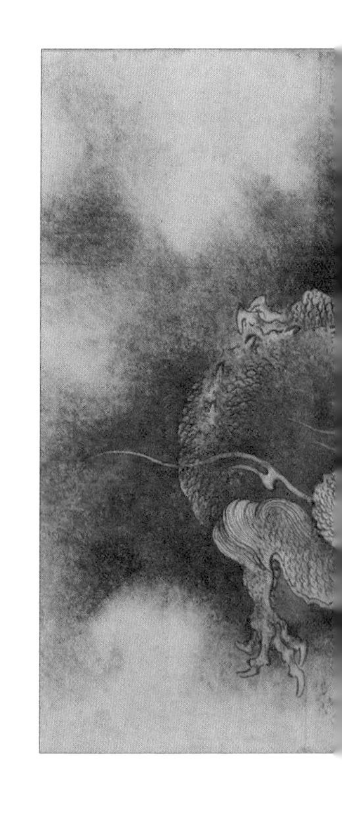

在后世的帝王里，唐玄宗与龙打交道较多。《逸史》说，洛阳凌波池的龙女托梦请求玄宗"赐曲"，他以胡琴奏《凌波曲》，醒后记下谱，令乐工排练后赏赐龙族。《宣室志》说，唐玄宗曾在兴庆宫养龙，安史之乱时他逃往蜀地，这条龙特地赶到嘉陵江送行。《开天传信录》则记录了唐玄宗在荥阳射黑龙的故事，他亲执弓矢，"矢发龙灭"。

从文献记载看，龙神通广大，但还是经常被

◀仙女驭龙是中国古代绘画的常见主题。《洛神赋图》描绘洛神驭六龙、乘云车的情景，旌旗猎猎，云水翻腾，华美而壮盛。

(东晋)顾恺之《洛神赋图》(宋代摹本，局部)

▲神龙见首不见尾，腾云驾雾，风雷隐动。
（宋）陈容《九龙图卷》（局部）

人捕杀，牺牲很大。东晋的《拾遗记》提到，燕昭王曾“以龙膏为灯”，灯光如水一样清澄，光焰五色，人们认为这是祥瑞的象征。《述异记》说，汉和帝元年大雨，天上一条青龙掉落在皇宫里，皇帝不客气地命人煮了，每位大臣都分到了一杯“龙羹”，滋味甚美。晋代学者张华还向人们传授鉴别龙肉的技术：浸在醋里，龙肉会现出美丽的花纹。

龙是华夏古陆诞生的最不可思议的生物，中国人视之为图腾，希望分享它的神力。没有任何动物在精神上如此深远地影响我们。现代学者不

相信世间存在过龙，认为它必定是根据某种原型虚构出来的。他们猜想的原型不论死活，五花八门，包括蛇、鳄鱼、蜥蜴、马、鱼、牛、猪、蚕、恐龙、云、雷、闪电、彩虹、河川、龙卷风等等。我们这个世界无法容忍奇迹。龙就是超越人类智力的传奇之一。

印度来的“龙王”

中国的龙文化起源于新石器时期，有六七千年的历史。一千多年前，随着佛教的传入，我国开始出现“龙王”“龙女”的传说。也就是说，四海龙王、龙王降雨、龙王庙、龙宫、龙珠、龙女、虾兵蟹将这一套龙神话系统，都源自印度。为什么印度也有龙文化呢？有人猜测，中国早期的龙崇拜传到印度后，与本土文化结合，形成了印度龙文化，最后再回传中国。印度龙的一大特点是，龙王的地位不高，本领有限，在《西游记》里经常被孙悟空欺负。

【蛇】

无论是谁，
有蛇这样的敌人
都是一场噩梦。

丧胆的王字蛇

蛇属于无足爬行动物，全世界有3000多种。蛇的祖先是有脚蜥蜴，生活在黑暗的洞穴里，觉得四肢是累赘，不便于打洞和穿过石缝，9000多万年前退化得干干净净。蛇是极简主义者，不但舍弃了四肢，还藏起鼻子和耳朵，变成浑圆的一条流线型长虫，没有任何枝节。加上美丽的花纹，蛇的造型简洁、优雅，近乎完美。

人类畏惧蛇，也许是因为蛇与人毫无共同之处。它们是冷血动物，全身冰凉，披满鳞片；它们用腹部爬行，曲曲弯弯，却行动灵敏；它们的头部扁平，舌尖分叉，口藏毒牙；它们卵生、冬眠、蜕皮，善于钻洞、游泳和爬树，能绞杀和吞食比自己大几倍的动物。

无论是谁，有蛇这样的敌人都是一场噩梦。上古神话里，华夏族的始祖伏羲、女娲等人的画像，都是“人首蛇身”，估计是化敌为友的一种策略：把自己装扮成蛇的模样，表示与蛇结盟或结亲，融为一家。华夏族后来有出息了，才与蛇撇清关系，自称龙的传人。但是，汉代经学家郑玄注《尚书大传》说：“蛇，龙之类也。或曰，龙无角者曰蛇。”可见蛇就是龙，一种没有角的龙。如今还有很多学者主张，蛇是龙的原型。

你会说，龙与蛇，一个在天上飞，一个在地上爬，差别大着呢。其实未必，古人提到一种螣(téng)蛇，就能够兴云雾而飞行。《荀子》表扬过它：“螣蛇无足而飞。”曹操《龟虽寿》诗中的名句：“神龟虽寿，犹有竟时；螣蛇乘雾，终为土灰。”大意是，神龟即使长寿，依然有死亡的时刻；螣蛇腾云驾雾，终究要化成土灰。

绝大多数蛇无毒，据说只有15%的蛇对人类

▶ 蚺(rán)蛇耐心地隐藏在树枝上，等鹿经过时一跃而下，紧紧缠住鹿的脖子，将它绞死。传说蚺蛇能够完整地吞下一头鹿，再花上一年的时间慢慢消化，并让鹿角和鹿骨透腹而出。

● **郑玄**：字康成，东汉末年经学家。他遍注儒家经典，以毕生精力整理古代文化遗产，世称“郑学”，为汉代经学的集大成者。

构成威胁，但因为蛇毒致命，这个数字仍然让人心惊。越美丽的蛇毒性越大。最毒的蝮蛇，包括人们常说的五步蛇、竹叶青等，有人说“螫（zhē）人立死，百无一活”，即使不小心碰到皮肤，也是“中手即断手，中足即断足”。柳宗元《捕蛇者说》记述了湖南永州的一种蛇，黑白花纹，“触草木尽死”，被它咬到，无人生还。有专家推测，柳宗元描述的可能是银环蛇、眼镜蛇或尖蝮蛇。

蚺蛇又称蟒蛇、王字蛇，是体型最大的蚺科或蟒科蛇类，被称为百蛇之王。《尔雅》称，蟒蛇的前额天生一张委任状，“头上皆有王字”，所以又称王蛇。清代医学家赵学敏自述，有一天，他在街上见到一个乞丐手握王字蛇讨钱，觉得蛇王沦落

●**赵学敏**：字恕轩，号依吉，浙江杭州人，清代著名医学家。为了弥补明李时珍《本草纲目》之不足，他编著了《本草纲目拾遗》，成为清代最重要的本草著作。

◀华夏始祖伏羲、女娲最早的画像都是“人首蛇身”，估计是化敌为友的一种策略，表示与蛇结盟或结亲。

图为汉代武氏祠中女娲与伏羲的石刻（拓片）

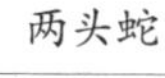

肥遗

两头蛇

螣蛇

蟒蛇

▲四种传说中的蛇：肥遗一首二身；两头蛇一身二首；螣蛇腾云驾雾；蟒蛇即蚺蛇，体型最大，传说能够吞象。选自（清）《古今图书集成》

●《朝野佥载》：唐代张鷟所撰的笔记小说集，记隋唐两代朝野遗闻，对武则天时期朝政的记载较多，并且颇多讥评。

到这地步，太让人心酸，就花了一千钱买下来，放归自然。

蚺蛇无毒，它的绝招是缠绕在猎物的身体上，用力绞杀。《水经注》说蚺蛇长十丈（约30米），围七八尺（2米多），平时躲在树上，等鹿经过时，一跃而下，紧紧缠住鹿的脖子，将它绞死。蚺蛇能完整地吞下一头鹿，再花上一年的时间慢慢消化，破碎的鹿角和鹿骨透腹而出。我们想起“人心不足蛇吞象”的俗语。至少，两三千年前，蚺蛇对大象还是个威胁。《山海经》说：“巴蛇吞象，三岁而出骨。”

蚺蛇胆非常珍贵，是进献给皇帝的最佳贡品，人们冒死以求，有人不惜以虎胆冒充。或许蚺蛇也知道自己的胆宝贵，《酉阳杂俎》说“其胆上旬近头，中旬在心，下旬近尾”，不断换地方藏紧。《朝野佥（qiān）载》记载，每年五月五日，闽人抓住蚺蛇，用木棍把蛇胆赶到腹部中间，剖开一寸，取出鸭蛋大的蛇胆，再用线缝合放生。据说，无胆放生的蛇还能活三年，日后再遇人捕捉，它会远远地袒露腹部的疤痕，表明自己已经丧胆。

古代生活于我国东南沿海的越人，有吃蛇肉的传统。汉刘向《淮南子》说："越人得蚺蛇为上肴。"蚺蛇肉是无上美味。但唐代大作家韩愈贬官到潮州，就老实承认，自己实在吃不下蛇肉。若干年后，流放到广东惠州的诗人苏轼，战战兢兢，总算学会了吃蛇、吃青蛙，但他的小妾朝云没坚持住。据《萍州可谈》记载，当地市场有卖蛇羹，朝云误以为海鲜，吃了一碗，明白真相后大吐，"病数月，竟死"。真让人感伤！

印度的弄蛇术

蛇的脑容量太小，很难被驯化。在印度，弄蛇术是古老的街头表演技艺，很受欢迎。弄蛇人吹奏一种笛子，藏在竹篮中的眼镜蛇或蝰蛇就会探出头来，随着音乐摇摆，做出各种动作，取悦观众。然而这是一种错觉。实际上蛇类没有外耳，它们的内耳也感受不到音乐；弄蛇人是通过双手的姿势和跺脚震动，向蛇类发出各种信号的。尽管如此，弄蛇表演还是非常危险，弄蛇人会事先拔去蛇的毒牙或毒囊，以防发生意外。

【蝇】

魏晋名士手中的蝇拂子提醒我们,再高妙的哲思,也抵挡不住现实中的一只苍蝇。

万物的吊客

在古代医药学家看来,天下没有不能入药的生物。李时珍《本草纲目》失载饭苍蝇,让赵学敏觉得遗憾,他“精思十年”,希望找到它的药用价值。有个名叫柴又升的人,告诉他自己曾经患过面疔,用七只饭苍蝇和冰片一起磨烂,面敷,十几天就好了。赵学敏如获至宝,著录于自己的《本草纲目拾遗》。从此,饭苍蝇结束了它百无一用的生

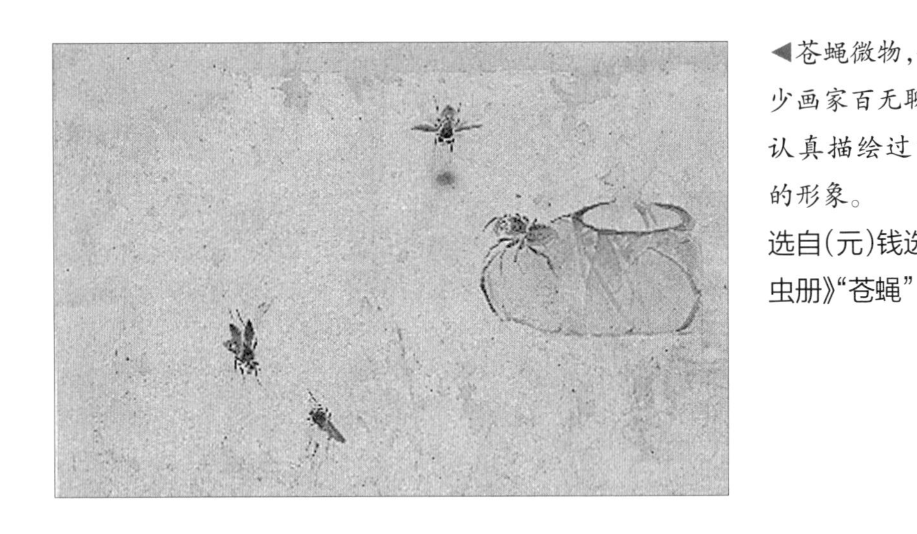

◀苍蝇微物，但不少画家百无聊赖，认真描绘过它们的形象。
选自(元)钱选《昆虫册》“苍蝇”

命，也有机会造福人类了。

苍蝇是我们最厌恶的生物之一。大约只有金人党项英观察到，喜暖怕寒的苍蝇，也是一位报春使者，他的《立春》诗写道：“不知春力来多少，便有青蝇负暖飞。”苍蝇诞生于污秽之中，《淮南子》称“烂灰生蝇”，它们的确是在腐烂垃圾里产卵的；《续博物志》说“腐肉生蛆”，这也没错，麻蝇喜欢在腐肉上产下幼虫。蝇是一种完全变态昆虫，生活史可分为卵、幼虫(蛆)、蛹和成虫四期，变化多端，但没有瞒过人们的眼睛。因为传染疾病，苍蝇成为我们发誓消灭的对象，名列“四害”(苍蝇、蚊子、老鼠、蟑螂)之首。

《诗经》曰：“营营青蝇。”营营，象声词，形容蝇声刺耳，也象征小人喋喋不休。青蝇，即苍蝇。

人类讨厌苍蝇，是因为它们自甘堕落，与秽物为伍，还到处拉屎、产卵，玷污了我们洁净的墙壁、窗纸和漂亮衣物，古人称之为“蝇粪点玉”。更可怕的是，家蝇与人类共同进化，适应了室内生活，毫不客气地与我们争食，结果污染了每一盘饭菜。宋代大作家欧阳修作《憎苍蝇赋》，痛骂：“尔形至渺，尔欲易盈”——你们这些身体渺小、欲望浅薄的家伙，杯盘里一点儿残渣、余腥都嫌太多，还有什么不满足的?终日营营叫唤，纠缠不休。

苍蝇不知道，或者不在乎人们的嫌弃。它们一往情深，喜欢与我们肌肤相亲，耳鬓(bìn)厮磨；它们身手敏捷，轻而易举地躲避我们的驱赶，去而复来，痴痴地回到老地方。曹魏大臣王思写信，苍蝇停在他的笔端，赶走了又来，他恼羞成怒，满屋子追逐，追不到，就把毛笔扔在地上，踩个稀烂。唐代学者段成式控诉，长安秋日多蝇，读书时

▲(日)川原圭贺，1823—1829年

▲齐白石《蝇》

常常“触睫”（碰到眼睫毛）、“隐字”（遮挡文字），挥之不去。哪里都有苍蝇，连庄严的汉家宫阙（què）都不能幸免。《汉书》记载，建始元年六月，数以万计的青蝇“集未央宫殿中”，落满文武百官的坐席。伟大的王朝，在苍蝇眼里，不过是一个比较无趣的垃圾场。

▶苍蝇喜欢与我们肌肤相亲，去而复来，又痴痴地回到老地方。这种绝望而固执的爱恋，让人不胜其烦，心生杀机。

驱赶苍蝇，最简便的工具就是马尾毛制成的拂尘，又叫蝇拂子。《谈苑》说，宋仁宗暑月不挥扇，只用拂子驱赶蚊蝇而已。唐代诗人韦应物参加聚会，用过一种棕榈叶编成的蝇拂子：“棕榈为拂登君席，青蝇掩乱飞四壁。”遥想魏晋名士风度，一个个仙风道骨，手执拂尘，侃侃而谈，玄之又玄。但他们手中的蝇拂子提醒我们，再高妙的哲思，也抵挡不住现实中的一只苍蝇。

苍蝇是庄子说的齐物论者，不论臭鱼烂虾，还是朱颜玉腕，都一视同仁，害得自己声名狼藉。古人并不知道苍蝇携带着100多种病原体，是霍乱、伤寒、痢疾和结核等数十种疾病的传播者，仅仅出于心理厌恶，就产生强烈的生理反应。苏轼解释自己改不了乱说话的脾气，“如食中有蝇，吐之乃已”。《朝野佥载》记载，夏侯彪吝啬，仆人偷吃了一块肉，他竟捉了苍蝇塞进仆人嘴里，逼他吐出肉来。我们不得不佩服昭明太子萧统的修养，《梁书》

说，他从饭菜中“频得蝇虫之类”，但从不声张，只把捡出来的蝇虫放一边，以免厨师获罪。

鲜艳的肉体，腐烂的死尸，都是苍蝇喜欢的，也许它们更偏爱后者。东汉两位忠臣杜乔和李固被朝廷冤杀，他们的朋友杨章赶到刑场，只见到两具尸体和数不清的苍蝇，他坐在旁边守了十二日，驱赶蝇虫。这事让三国时代的虞翻十分羡慕。虞翻恃才傲物，被孤独地流放到遥远的交州，临终感叹说，这里生无可以说话的人，“死以青蝇为吊客”。吊客，即哀悼、送丧的人。苍蝇是万物的吊客。难怪，它们处处受到嫌厌。

最常见的蝇类

人们通常把双翅目、环裂亚目的昆虫统称为蝇类，全世界有数万种，我国已知30多科4200多种。最常见的几种是：家蝇，灰褐色，喜欢入侵室内，是人类接触最多的种类；丽蝇，体型较大，身上闪耀着黄、蓝、绿等金属般的光泽，俗称金苍蝇、绿头苍蝇等，主要在室外活动；麻蝇，体型较大，深灰黑色，有大红色的眼睛，喜室外活动。大多数蝇类为卵生，但麻蝇是卵胎生，会直接在腐肉上产下幼虫(蛆)。

【蚊】

打蚊子是自戕（qiāng），满手都是自己的血。一只刚刚飞离我们身上的蚊子，论起血缘，比兄弟更亲近。

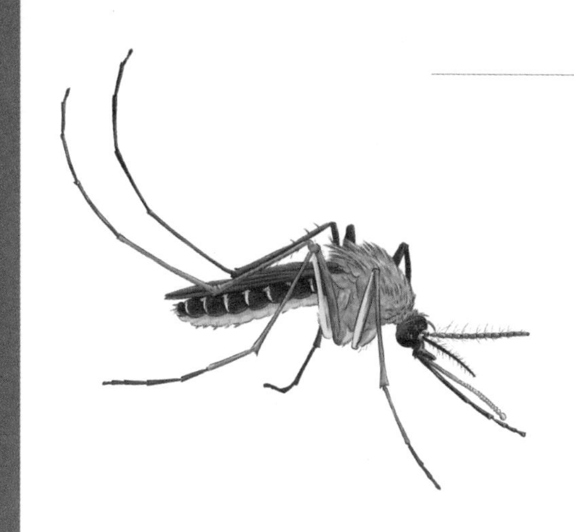

江湖多白鸟

苍蝇早市，在光天化日下骚扰我们；蚊子昏市，趁夜色昏黑时叮咬我们；请问，哪个更可恶？我猜欧阳修的《憎苍蝇赋》写于白天，痛恨之情，无以复加；到了晚上，他才体会到蚊子之恶毒，所以又作长诗《憎蚊》。他说，蚊子最可恶的一点是大声嚷嚷，“自远吆喝来咬人也”。

东方朔编过一个谜语:"长喙细身,昼亡夜存,嗜肉恶烟,为掌指所扪(mén,按)。"答案就是蚊子。在我看来,蚊子比苍蝇可恶。苍蝇只是脏、烦,它们的吮吸浅尝辄止,近乎戏弄,让我们恼羞成怒。蚊子总是在我们休息时夜袭,十面埋伏,角声四起,入肉三分,一针见血,让我们通宵难眠。北宋诗人徐端崇控诉说:"满腹经营尽膏血,那知通夕不眠人。"蚊子与我们有血海深仇。

血债血偿,蚊子因此与人类建立了一种奇特的关系。民谚云:"为你打我,为我打你,打得你皮开,打得我血出。"一只刚刚飞离我们身上的蚊子,论起血缘,比兄弟更亲近。有时深夜醒来,看见蚊帐上静静伏着几只饱满的蚊子,我便犹豫是不是要打它。打蚊子是自戕,满手都是自己的血。犹豫的结果,往往是放它们一条生路:算了,反正它们已经饱了。那些与我们有过肌肤之亲的蚊子,到底是血浓于水的至亲,还是不共戴天的血仇?

假如蚊族有思想家,或许会这样思考:上天造人,就是为了给蚊子供应最好的鲜血;人类已经被蚊族驯化,白天放风,夜晚准时回巢献血;蚊族才是自然演化的巅峰……

我们的科学家说,蚊科昆虫起源于2.26亿年前的三叠纪,全球已知41属3570多种,其中200

●**东方朔**:字曼倩,西汉著名文学家,性格诙谐,言词敏捷,滑稽多智,向汉武帝自荐得官,常在皇帝面前谈笑取乐。后世流传很多关于他的机智故事。

▶哪里的蚊子都可怕。千年之前的北宋，诗人苏东坡报告说："飞蚊猛捷如花鹰。"万里之外的美洲，看当地画家的描绘，蚊子也是如狼似虎。

（墨）何塞·瓜达卢佩·波萨达《美洲蚊子》，1900—1910年

多种蚊子对人类有害，包括伊蚊、库蚊和按蚊等。蚊子属于水生昆虫，包括四个发育时期：卵、幼虫、蛹和成虫。《尔雅翼》说："蚊者，恶水中孑孓（jié jué）所化。"的确，蚊子把卵产在污水里；幼虫称孑孓，在水里游动，发育成蛹；蚊子破蛹而出，飞来吸我们的血。灭蚊的最好办法，是清除污水，扼杀它们的虫卵。

蚊子有一个刺吸式的口器，雄蚊吸食植物汁液，唯有雌蚊吸血，它们需要摄取足够的蛋白质来产卵。人类这种庞然大物，原本不在乎少量失血，问题是雌蚊只用一根针头采血，辗转多人，结果造成登革热、疟（nüè）疾、黄热病、丝虫病、流行性乙型脑炎等疾病传播。蚊子对于人类的最大危害并非吸血，而是传播疾病。

然而古人不知道这些。他们的愤恨，主要集中在蚊子整晚嗡嗡叫唤，扰人清梦。唐宋诗人写到蚊子，即使隔了一千年，读来仍然惊心。杜甫诗云：“江湖多白鸟，天地亦青蝇。”白鸟是蚊的别称。唐代的天空，似乎只有浩浩荡荡的蚊蝇。陆游诗：“蚊雷动四廊。”谁能在雷鸣般的蚊声中安眠呢？何况宋代的蚊子十分歹毒，苏东坡形容说：“飞蚊猛捷如花鹰。”《谈圃》记载说，有个差役醉酒倒卧在泰州街头，竟被蚊子叮死。还有人说，黄河以北的蚊子能叮死牛马，所以夏月要把泥巴涂在它们身上。

蚊子通常趁着夜色偷袭，也有白昼公然行凶的。唐末诗人吴融描述说：“平望有蚊子，白昼来

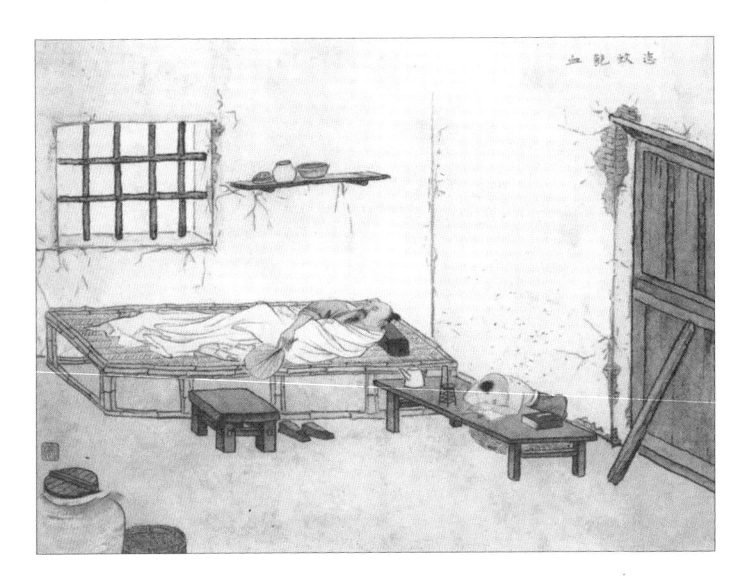

◀晋朝的吴猛家贫，没有蚊帐，父亲难以安睡。八岁的他夜里总是赤身而坐，任蚊虫吸血，以免蚊虫去叮咬父亲。他的事迹收入《二十四孝》，成为古人学习的榜样。

选自陈少梅《二十四孝图·恣蚊饱血》，1950年

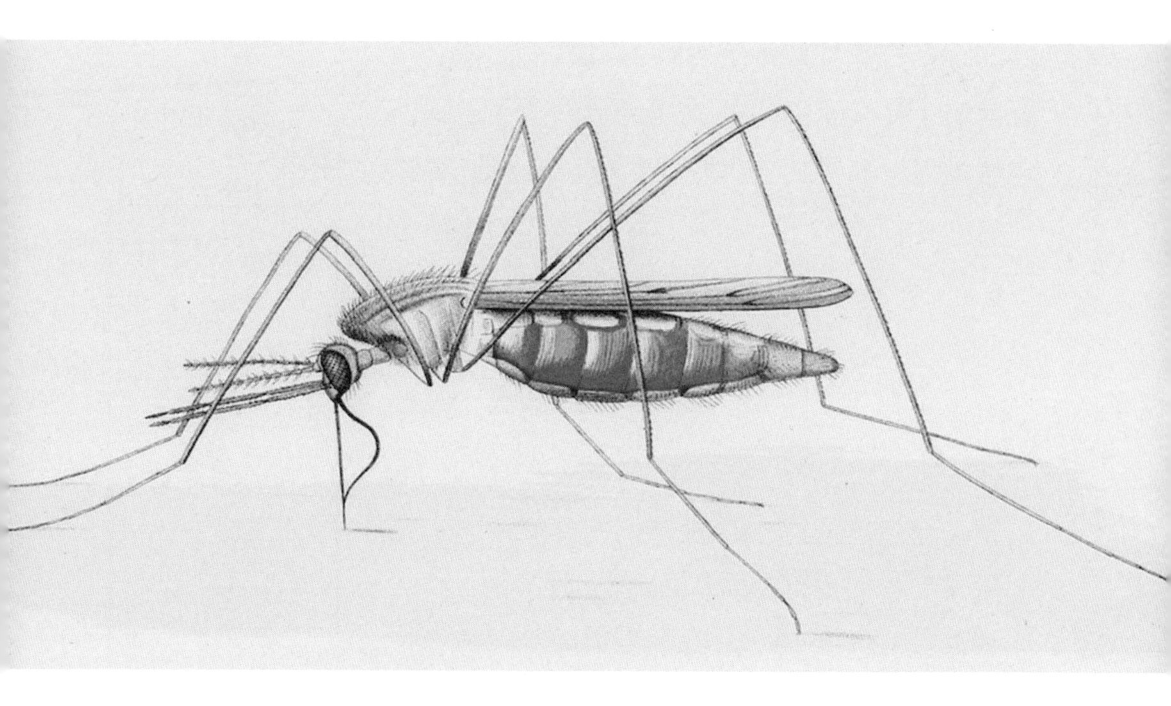

▲在蚊子的庞大家族中，只有伊蚊、库蚊、按蚊等少数种类危害人类，并且，其中的雄蚊吃斋茹素，并无劣迹，真正吸食人血的都是雌蚊。

选自英国《卫生》杂志《吸血的按蚊》，1901年

相屠。”平望属于苏州吴江，位于太湖之滨，蚊虫大肆滋生，人们畏之如虎豹。蚊子喜暖畏寒，到了冬天就要蛰伏，让人们喘口气。清代诗人赵翼客居闽南，发现当地气候温暖，蚊虫终年不断，疲惫不堪，写诗抱怨说：“谁识人间腊月蚊？”

蚊子不必大，也不必多，一只蚊子就足以让我们彻夜不眠。传说孔子见老子，大谈仁义之道。老子说，糠皮飞入眼睛，天地四方看起来就换了位置；蚊虻(méng)叮咬皮肤，人们就通宵无法入睡。往往是一些利害相关的小事，改变了我们的世界观和人生观。但《淮南子》的说法也有道

理：所谓贵贱，犹如刮过一阵东北风；所谓毁誉，就像蚊虻叮咬了几口。早上起床，穿好衣服，我们突然觉得世界很大，天地辽阔。你已经忘记了昨晚那只蚊子。

为何雌蚊要吸血

无论雄雌，蚊子都可以依靠植物的汁液和花蜜生存。但这些食物中缺乏蛋白质，影响雌蚊的卵巢发育。为了繁殖后代，雌蚊被迫冒着生命危险，去吸食动物和人的血液。血液里营养丰富，含有糖、脂肪、蛋白质等物质。为此，雌蚊的口器进化出6根发达的口针，能够迅速刺破皮肤，直达微血管吸血，然后快速逃离。雄蚊不产卵，没必要冒着风险去吸血，因此口针退化，无法刺入人的皮肤。

【蚁】

没有一只蚂蚁是完整的，工蚁不能繁殖，蚁后没有行动能力，它们不得不同甘共苦，相依为命。

生如蝼蚁

人类是地球上最成功的物种之一，人口总数量达70多亿。但蚂蚁可能更成功。科学家说，全世界已知的蚂蚁就有1.2万种，估计总数在1亿亿只以上；所有蚂蚁的体重相加，超过了人类的总体重。蚂蚁的成功秘诀是什么？上天造物，给各种生物配备了看家本领，虎豹有锋利的爪牙，人类智力超群，蝗虫、蚂蚁之类的弱者，则拥有不可

◀海棠的明艳与蚂蚁的卑微形成鲜明对比。而我们，在天地之间，很可能只是那样一只蚂蚁。
（清）范金镛《海棠百蚁》

思议的生殖力。

蚂蚁是社会动物，出入皆成队伍，与人类一样过着集体生活。中国人早就发现，蚂蚁王国也有等级制度。陆佃《埤（pí）雅》说："蚁，有君臣之义，故其字从义。"他认为"蚁"字的偏旁为"义"字，就是因为蚂蚁们各守本分，明白君臣大义。一个蚂蚁王国，主要由女皇——蚁后和数以万计的臣民——工蚁组成，有时还有雄蚁、雌蚁和兵蚁，它们各就各位，有的负责繁殖，有的负责觅食，有的负责作战，构成一个命运共同体。没有一只蚂蚁是完整的，工蚁不能繁殖，蚁后没有行动能力，它们不得不同甘共苦，相依为命。明代学者谢肇（zhào）淛（zhè）《五杂俎》中称赞说，蚂蚁能够预

●**《五杂俎》**：明代福建长乐人谢肇淛撰，著名笔记体著作，说古道今，分类记事，多载各地风物掌故，有很高的史料价值。

知下雨，作战勇敢，队列整齐，长幼有序，发现食物会招呼同伴，“人之不如蚁者多矣”。

江湖险恶，外出觅食的工蚁会遇到各种灾祸，被洪水冲走、被人踩死、被食蚁兽吃掉……这些都没有关系，只要位居深宫的蚁后安然无恙，还在继续产卵，源源不断地生育更多的工蚁，蚂蚁王国就能维持下去，并持续扩大。单个的蚂蚁是不重要的，犹如一粒沙子，完全可以用另一粒沙子替代。

悲观的思想家将人群比为蚁群。东汉王充《论衡》说，人在楼台之上，就看不见地上之蚁，不闻其声，因为它们太细小了。天的崇高非楼台可比，对天来说，人比蝼蚁还要细小。有人说上天能察知人的言行，给予善报恶报，恐怕是个误解。我很赞同。谁留意过哪只蚂蚁的道德情操呢？被一只蚂蚁咬痛了，我们迅速打杀所有的蚂蚁，从不关心哪一只才是真凶。在上天眼里，人类也是命运共同体，一个人的作为会连累所有人。

▼英国童书《奇航记》的插图，据说每只大蚂蚁都有小马驹大，张牙舞爪，非常可怕。（英）约翰·迪克森·巴顿绘，1919年

生如蝼蚁。蚂蚁总是让我们想到自己。“我生天地间，一蚁寄大磨。”宋代诗人苏轼写道。他想起了一个著名的典故。《晋书》说，天旋地转，犹如磨盘

蚂蚁组织纪律性强，勇而好斗，驯蚁人往往把它们训练成两只军队，相互厮杀，哗众取宠。从“斗蚁”游戏看，蚁性与我们的人性十分相似。

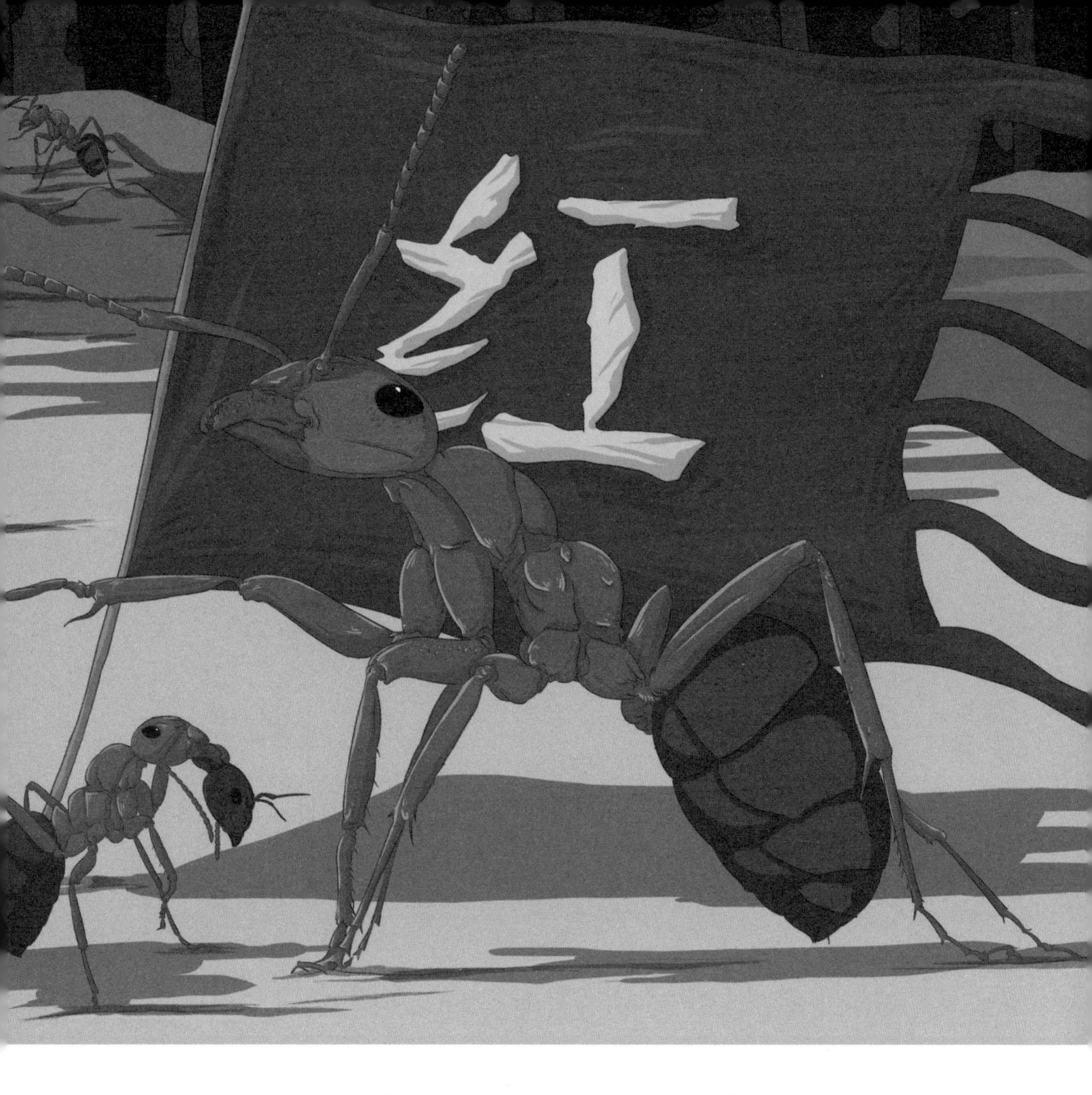

之上的一只蚂蚁，磨盘左旋而蚂蚁右走，但磨盘转得快，蚂蚁走得慢，最后蚂蚁还是被磨盘带着左旋。人就是这样一只徒劳的蚂蚁，被岁月裹挟而去。但是《庄子》又告诉我们："道在蝼蚁。"再卑微的事物，也分享了天地运行之道的光辉。我们不必妄自菲薄。

既然人性与蚁性如此相似，有人就试图在蚁

群中建立人类社会制度。蚂蚁组织纪律性强，勇而好斗，驯蚁人就把它们编成军队，以“斗蚁”为戏。明代作家袁宏道《瓶花斋杂录》说，他见到儿童抓来松树上的大蚁，剪去头上的双须，围观它们彼此相斗，不死不休。许叔平《里乘》描写驯蚁人在墟市上卖艺的情景：蚁王有后宫、朝臣、庶民和军队，还有粗率的法律；黑蚁与赤蚁各有上千名将士，相互厮杀，进退战降，皆符合兵法。驯蚁人告诉他，“蚁虽微物，其性极灵”，顺着它们的性情引导，不到半月就可以训练成这样。

传说蚁子酱十分美味，唐代刘恂《岭表录异》说，两广地区的居民，常采收蚁卵做成蚁子酱，十分珍重，非贵客和亲友难以吃到。市面上如今也有不少蚂蚁产品，例如蚂蚁粉、蚂蚁膏、蚂蚁酒、蚂蚁口服液，但只能算小众食品，很多人缺乏勇气尝试。有位朋友从云南回来，送了我两瓶蚂蚁酒，说是当地特产，对身体如何如何滋补。我几次想开瓶，看见酒中还漂浮着一些蚂蚁的肢体，心生怯意，一直存放了十几年。

人类不喜欢蚂蚁，发明了很多方法扑杀，效果不大。蚂蚁应该感到幸运，它还没有被正式列入人类的食谱。成为人类的食物远比成为敌人可怕。许多物种是在人类的齿牙间灭绝的。

买卖黄猄(jīng)蚁

公元304年，嵇(jī)含《南方草木状》写道：交趾(今越南)人在市场上买卖一种蚂蚁，“赤黄色，大于常蚁”，南方柑橘园若没有这种蚂蚁，果实就会被蠹(dù)虫所伤。据考证，这种蚂蚁叫黄猄蚁，俗称酸蚂蚁、黄柑蚁、织巢蚁，是多种害虫的天敌。这是世界上生物防治害虫的最早记载。

【蚯蚓】

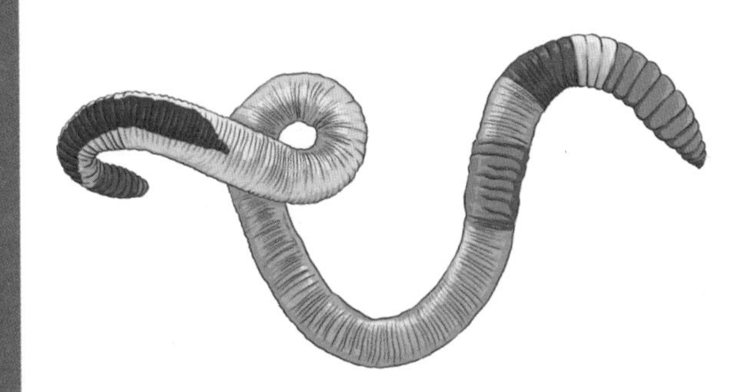

蚯蚓是大地最古老的耕耘者、哺育者和改良者。一片片山地、丘陵和原野穿肠而过，土地因此变得肥沃。

大地穿肠而过

《广五行记》讲了一个隋炀帝时代的故事：河北有个不孝的媳妇，欺负婆婆双眼失明，切蚯蚓做羹给她吃。婆婆觉得味道不对，偷偷藏起一块给儿子看。儿子就把媳妇送去官府，半路上雷震其妇，把她的头换成了白狗头。我想，这事如果发生在福建，媳妇就不会受到如此重的惩罚。郭义恭《广志》说，闽越人“啖蚯蚓脯为羞（馐）”。意思是，福建古代的居民把蚯蚓干当作美味。

原始部落都吃蚯蚓，就连科学昌明的日本、美国，如今还有不少人迷恋蚯蚓食品。科学家说，活蚯蚓的蛋白质含量约20%，与一般的禽肉、畜肉差不多。我们拒绝食用，主要是觉得它模样恶心，又有股土腥味，关键还是心理障碍。

▲两只小鸡争夺一条蚯蚓，颇有情趣。

齐白石《他日相呼》

中国人对于蚯蚓的食用及医用价值并不陌生。古人得了伤寒病，就要试试《补缺肘后方》中的药方：大蚯蚓一升，破开，“以人溺煮”，滤去药渣服用。这碗蚯蚓人尿汤比河北婆婆那碗蚯蚓羹如何？《山东中草药手册》记载用蚯蚓治疗高血压的土方：“活蚯蚓三至五条，放盆内排出污泥后切碎，鸡蛋两至三个，炒熟吃，隔天吃一次。”人类早期的食谱，就这样以药方的形式复活。

蚯蚓是环节动物，身体细长，圆筒形，由100多个体节组成，前段有一圈较粗的环带。因为长得像黄鳝或龙蛇，又有别名曲蟮、地龙等。蚯蚓畏光，总是躲在潮湿阴暗的地下，吞食树叶等腐烂的有机物，通过长长的肠道，排出疏松的粪土。郭璞(pú)说:“蚯蚓土精,无心之虫。”岂止无心,它们还是没有眼睛、耳朵、触手和爪牙的低等动物,行动迟缓,一旦暴露在阳光下,只能任人宰割。它们的唯一武器,或许是传说中的强大再生能力:腰斩一只蚯蚓,你会得到一对;如果切成四段,这世界就多了三条蚯蚓。

按崔豹《古今注》的说法,蚯蚓在地下长吟,江南一带谓之“歌女”。《抱朴子》说:“蚯无口而扬声。”蚯蚓没有口舌,但是会发声。北宋诗人谢逸谈到生物界的两大怪事:“蛇以无足行,蚓以无肠鸣。”不管蚯蚓如何发声,有诗文为证,很多人都自称听过蚯蚓的吟唱。唐代诗人卢仝(tóng)有《夏夜闻蚯蚓吟》诗;北宋作家欧阳修说,夏夜坐在树下,他听到草丛间“蚯蚓之声甚急”;清人王邦畿(jī)诗云:“蚯蚓鸣,天气清。蚯蚓伏,天气浊。”

然而这是一个天大的误会。宋人俞琰《席上腐谈》早就指出,蚯蚓与蝼蛄(lóu gū)住在一起,会鸣叫的是蝼蛄,不是蚯蚓。清王有光《吴下谚联》赞同这种观点,认为曲蟮蠢然一物,没有耳目手足,几乎无口,哪里能够唱歌呢?没人注意他们的反对声音。现代学者刘师培在《尔雅虫名今释》中继续说:“蚓,居泥土中,能鸣。”这是一个有

●**《古今注》**:西晋经学家崔豹撰,解释和考证古代各项名物制度,音乐、动物、植物等的名称,虽然只有三卷,内容却包罗万象,开中国学术笔记之先河。

●**蝼蛄**:俗名拉拉蛄、地拉蛄、天蝼、土狗等,是生活于土壤中的昆虫,昼伏夜出,能鸣叫,善于掘地,采食植物叶片、根和茎,对农作物造成危害。

趣的例子：无声的蚯蚓，在中国人的眼皮底下，被当成歌唱家，扬名一千多年。

作为泥中之龙，蚯蚓的一饮一食，都与天地相关联，所以也有些小神通。它们能够预知晴雨——晴则夜鸣，欲雨先出；它们还能够变化为其他生物。宋人张耒（lěi）说，黄州的两头蛇又名山蚓，就是蚯蚓变化而来，动作迟钝，脖子上还有道白环。蚯蚓化为百合的故事，更是尽人皆知，樊增祥咏

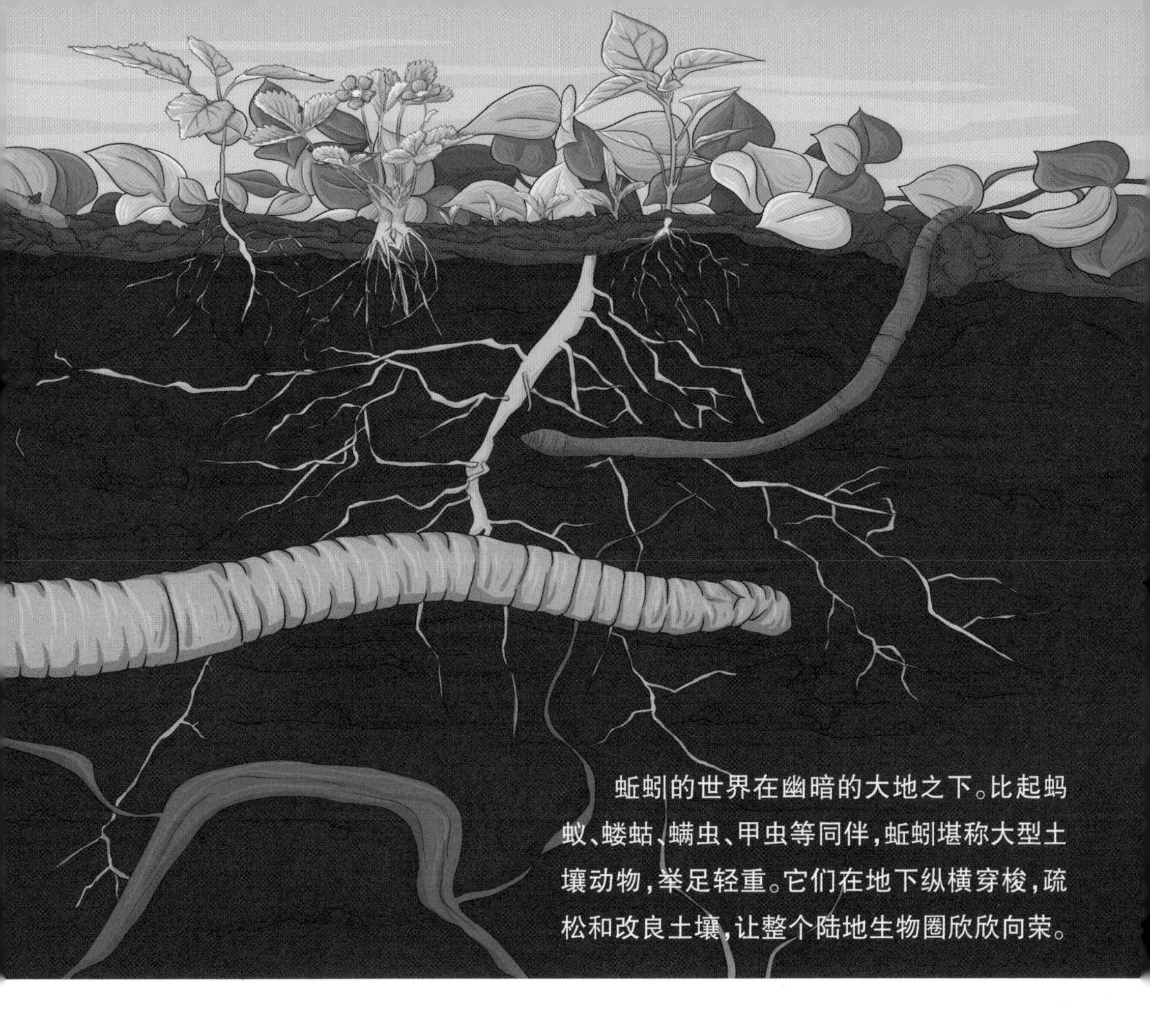

《蚓》词曰："看后身，仍化百合花红。"

在大地之上，蚯蚓微不足道；它的世界在幽暗的大地之下。比起蚂蚁、蝼蛄、螨虫、甲虫等同伴，蚯蚓堪称大型土壤动物，举足轻重。它们在土壤里纵横穿梭，夜以继日，让一片片山地、丘陵和原野穿肠而过，土地因此变得肥沃。蚯蚓是大地最古老的耕耘者、哺育者和改良者。达尔文认为，蚯蚓是地球上最有价值的生物。

◀达尔文晚年致力于研究蚯蚓，认为蚯蚓是地球上最有价值的生物。英国*Punch*杂志漫画《查尔斯·达尔文与蚯蚓》，1881年

“蚓无爪牙之利，筋骨之强，上食埃土，下饮黄泉，用心一也。”这是我国古代思想家荀子的赞美。蚯蚓无心，不会东张西望，反而做出了专心才能完成的事业，改造大地。杨泉《物理论》称赞说，论修身止欲的功夫，莫过于蚯蚓，志士不能及也。蚯蚓这种至蠢之物，也有让万物之灵肃然起敬的地方。或许我们对于生命等级的看法毫无意义。世界的一切生物，莫不怀着尊严昂然生活，值得我们尊敬。

达尔文与蚯蚓

著名生物学家达尔文晚年致力于研究蚯蚓，他出版的最后一本书名叫《腐殖土的产生与蚯蚓的作用》。他有个大发现，无数代蚯蚓在地下默默吃土和排粪，改良了大地上的土壤，我们这个世界才变得草木茂盛，百花齐放，适合农业耕作。他把蚯蚓称为一种“未被赞颂的生物，无以计数的它们改变了陆地，就像珊瑚虫改变了热带海洋一样”。从此，人们才注意到蚯蚓的贡献。

【鲤鱼】

陶朱公的养鱼法是，让鲤鱼围着九个小岛转悠，以为自己身处大江大湖，安下心来……然后你就准备数钱了。

陶朱公的鱼池

孔子的妻子产下一子，鲁昭公赐鲤鱼为贺，孔子深感荣幸，给儿子取名鲤，字伯鱼。自古以来，黄河鲤鱼就是名贵的淡水鱼。《诗经》反问说："岂其食鱼，必河之鲤？"难道想吃鱼，就一定要黄河的鲤鱼？恐怕是这样。传说黄河鲤鱼金鳞赤尾，肉质细腻，味道最美。北朝《洛阳伽蓝记》谈到黄河支流洛水的鲤鱼、伊水的鲂鱼，引用当时的民谚:“洛鲤伊鲂,贵于牛羊。”

华夏族发祥于黄河中下游平原,离海太远,河湖较少,鱼类特别珍贵。孟子提出了一个著名难局:鱼,我所欲也,熊掌,亦我所欲也;二者不可兼得。怎么办?我们今天觉得,鱼居然与熊掌相提并论,匪夷所思!

中国人很早开始养殖鲤鱼。《陶朱公养鱼经》记载,齐威王找到了几度埋名隐姓的陶朱公,请教致富之方。陶朱公原名**范蠡**(lǐ),曾帮助越王勾践复国,相传功成之后携了绝世美女西施退隐,化名经商,富可敌国。陶朱公告诉齐威王,他靠五种生意发财,第一种就是养鲤鱼。鲤鱼的优点是不同类相残,生长快,卖价高。

●**范蠡**:春秋末期政治家、军事家,曾扶助越王勾践复国,兴越灭吴,成就霸业;但他急流勇退,化名隐居经商,三次成为巨富,又三次散尽家财,晚年自号“陶朱公”,被后世尊为财神、商圣和商祖。

贾思勰(xié)《齐民要术》记载了陶朱公的养鱼法:挖个六亩大的鱼池,池中筑九个小岛,放入二十条三尺长的怀孕雌鲤,四条雄鲤,让它们产卵;然后放进鳖,因为鲤鱼繁殖到三百六十头时,就会有蛟

◀鲤鱼跃上龙门,有天火烧其尾,化而为龙。这种传说似乎也影响到了日本。选自(日)葛饰北斋《两条鲤鱼上瀑布》,1833年

▲鱼戏莲叶间，是中国绘画的传统主题，这种文化也影响到了古代朝鲜。
图为朝鲜王朝屏风画《莲花与鲤鱼》，19世纪

龙领着它们飞走，要用鳖来看守。鲤鱼围着九个小岛转悠，以为身处大江大湖，就安下心来……然后你就准备数钱了。

鲤鱼是百鱼之王，嘴边长着一对长须，体形健美，身披网纹般的鳞片。沈括《梦溪笔谈》说，鲤鱼的侧线有三十六片鳞，每片鱼鳞上有十字形的黑纹，相乘得三百六十，正好是一里（古代以三百六十步为一里），所以“鲤”字的声旁从“里”。后人也称鲤鱼为“三十六鳞”或“六六鱼”。陶弘景说：“鲤为诸鱼之长，形既可爱，又能神变，乃至飞越江湖。所以仙人琴高乘之也。”琴高是上古神仙，乘鲤鱼飞越江湖升天。可见神仙和人类都喜欢鲤鱼。

龙门在黄河山西一段的禹门口，古籍记载，这里就是“鲤鱼跃龙门”处。《三秦记》称，每年暮春，江河之中的鲤鱼纷纷赶来，逆流而上，争跃龙门，但一年登龙门者不过七十二只。跃上龙门的鲤鱼，有云雨环绕，天火烧其鱼尾，“乃化为龙矣”；没跃过龙门的鲤鱼，点额而还。李白有诗云：“黄河三尺鲤，本在孟

▶中国人认为鲤鱼能神变，为百鱼之长，在淡水鱼中地位最高。
选自(清)《古今图书集成》

津居。点额不成龙，归来伴凡鱼。”鲤鱼与龙的差异，只有一道龙门。中国人常说“望子成龙”，就是希望孩子像鲤鱼一样跃上龙门，脱胎换骨，改变命运。

最著名的鲤鱼诗句，出自汉乐府：“客从远方来，遗我双鲤鱼。呼儿烹鲤鱼，中有尺素书……”你可能会误读，以为客人送来一对鲤鱼，叫孩子煮鱼，在鱼腹中发现了一封信。闻一多先生解释说，汉代的信封就是一对鲤鱼形的木板，信笺放在中间，木板上下合住，用绳扎紧，滴上封泥，称

"双鲤鱼"。烹鲤鱼呢，指打开信封。古代的书信因此又叫"鲤书"或"鱼腹传书"。南宋诗人姜特立有首《闺怨》，写女主人公"水上愁寻六六鱼"，就是一语双关，表面寻找鲤鱼，其实是盼望丈夫寄来一份"鲤书"。

汉代以后，我国的鲤鱼西传阿富汗、伊朗，1150年被十字军骑士带回欧洲；另外还东传日本，培育出著名的观赏鲤鱼——锦鲤。到了唐朝，因为皇族姓李，与鲤鱼攀亲通谱，鲤鱼竟然享受了皇家待遇。唐人段成式《酉阳杂俎》记载：本朝法律，捕获鲤鱼必须立刻放生，不得食用，卖者杖六十，"言鲤为李也"。由于主要食用鱼被禁，民间被迫养殖其他鱼类。到了唐末，就有一个意外收获，青鱼、草鱼、鲢鱼和鳙鱼试养成功，我国淡水养殖业形成了"四大家鱼"。

我住在福建厦门，当地海产众多，很久没有品尝鲤鱼了。闽南人认为，鲤鱼土腥气太重，细刺太多，远不如海水鱼鲜美。我们民族已经来到南海之滨，乘风破浪，追鲸捕鲨。但我们不会忘记，黄河鲤鱼是华夏文明对于水族的初恋。每年春节，一幅鲤鱼年画，道尽了中国人三千年的梦想、祝福和信仰。

鲤鱼称霸北美江河

鲤鱼原产于亚洲。我国"四大家鱼"(青、草、鲢、鳙)和鲤鱼、鲫鱼都属于鲤科鱼类，美国人统称为"亚洲鲤鱼"。20世纪70年代，为了清除有害藻类，美国从亚洲国家引进了各种鲤科鱼类，效果大大超过预期。原来，因为缺乏天敌，且无人食用(美国人不喜欢吃淡水鱼)，这些鱼类大量繁殖，体型硕大，蔓延到北美许多江河，挤压本土鱼类的生存空间。美国政府宣布亚洲鲤鱼为"最危险的外来物种"，投入大量资金捕杀，但收效甚微。

后记

我母亲八十多岁了，谈到村里的人事，经常说："某某某最能干，年轻时进山打过老虎。"又说："某某很不幸，她在耘田，四五岁的孩子在地头玩，一回头，孩子就被老虎叼走了。她疯了。"我母亲年轻的时候，在闽西北山区，老虎是一种日常威胁。

我年轻时喜欢往深山老林钻，有次与几位朋友带着猎枪（当时猎枪还没有全面管制）去双门石"打猎"，露营五天五夜。我们踏遍了大山，十分沮丧，几乎没有值得瞄准的大型动物，只打到了一只灰褐色的野兔。最后一个清晨，仿佛梦幻般，我独自与华南虎相遇，一只金黄的老虎从我身边腾跃而过。

去年动笔写作《猫的诱惑——华夏动物传奇》时，泱泱诞生了，我当了爷爷。我感到遗憾，对他来说，野生华南虎已经变成了传说。老虎，这种高居陆地生物链顶端的大型猛兽，在亚洲森林里演化出九大亚种，已绝其三，华南虎是第四种。我们的后人继承的生物世界，越来越贫瘠。

中国古代留下了很多传说动物，例如龙、凤、麒麟、山魈等等，很多人否认它们的存在。我想，若干年后，当所有的老虎都绝迹已久，只剩下渺远的传说，会不会有人否认老虎的存在？

然而，不论龙凤与老虎是否真实存在，这些古代华夏生物圈的重要成员，都曾经与我们的祖先亲密接触，我们的哲学、历史和文学作品，成千上万次出现过它们的身影。虎啸龙吟，兔起鹘落，草长莺飞，这就是孕育中国文明的生态环境。反过来，我们对华夏生物圈了解得越多，对中国文明的了解就越深。

讲述中国人与"鸟兽虫鱼"的故事，让孩子理解其他形态的生命，就是我写作这本书的目的。多年前，我出版过一本著作《文化生灵——中国文化视野里的生物》（百花文艺出版社，2001年），本书的篇目基本选自该书。为了适合儿童阅读，增加科学性，我做了大幅度改写，部分篇章几乎是重写。想到泱泱长大识字后，也是这本书的读者，我写得特别认真，希望他会喜欢这本书。

一本书的出版，凝聚了不少人的心血。在此感谢恩师孙绍振教授作序推荐！感谢出版社编辑们的认真校改！感谢我的同事，也是本书的两位重要合作者——插画师刘哲姝和美编郭航，他们的创造力、专业素养和敬业精神，让本书增色！

萧春雷

2022年3月23日于翔安